TensorFlow 深度学习应用开发实战

谷 瑞 陈 强 谭冠兰 编著

清華大学出版社
北 京

内 容 简 介

随着人工智能技术的发展，深度学习成为最受关注的领域之一。在深度学习的诸多开发框架中，TensorFlow 是最受欢迎的开发框架。

本书以培养人工智能编程思维和技能为核心，以工作过程为导向，采用任务驱动的方式组织内容。全书共分为 8 个任务，任务 1 介绍深度学习的发展历程、应用领域以及开发环境的搭建过程；任务 2 介绍 TensorFlow 框架的基本原理、计算图、会话、张量等概念；任务 3 和任务 4 阐述全连接神经网络模型、神经网络优化方法及反向传播算法；任务 5 和任务 6 讨论卷积神经网络、卷积、池化的原理；任务 7 和任务 8 演示网络模型可视化操作步骤及制作与解析数据集的方法。

本书既可作为大数据、人工智能等相关专业应用型人才的教学用书，也可以作为 TensorFlow 初学者的学习参考书。

图书在版编目（CIP）数据

TensorFlow 深度学习应用开发实战/谷瑞，陈强，谭冠兰编著．—北京：清华大学出版社，2020.7（2022.9重印）
ISBN 978-7-302-54982-6

Ⅰ. ①T… Ⅱ. ①谷… ②陈… ③谭 Ⅲ. ①人工智能—算法—高等职业教育—教材 Ⅳ. ①TP18

中国版本图书馆 CIP 数据核字（2020）第 030562 号

责任编辑：贾小红
封面设计：魏润滋
版式设计：文森时代
责任校对：马军令
责任印制：刘海龙

出版发行：清华大学出版社
　　网　　址：http://www.tup.com.cn，http://www.wqbook.com
　　地　　址：北京清华大学学研大厦 A 座　　**邮　　编**：100084
　　社 总 机：010-83470000　　**邮　　购**：010-62786544
　　投稿与读者服务：010-62776969，c-service@tup.tsinghua.edu.cn
　　质量反馈：010-62772015，zhiliang@tup.tsinghua.edu.cn
印 装 者：三河市少明印务有限公司
经　　销：全国新华书店
开　　本：185mm×230mm　　**印　　张**：13.75　　**字　　数**：280 千字
版　　次：2020 年 7 月第 1 版　　**印　　次**：2022 年 9 月第 2 次印刷
定　　价：48.00 元

产品编号：085202-01

编写委员会

作者团队（姓名不分先后）

罗　颖　淡海英　盛雪丰　李　露　王玉丽

徐迎春　茹新宇　胡海明　马千里

前　言

随着人工智能技术的发展，深度学习成为广受关注的领域。面向深度学习的开发框架不断涌现，但毫无疑问，TensorFlow 是其中最受欢迎的一款开源框架。

本书以培养读者的人工智能编程思维和技能为核心，以工作过程为导向，采用项目驱动的方式组织内容。具体来说，本书的编写思路和特色如下。

（1）在内容设计上，坚持由浅入深。

本书以 PyCharm 和 TensorFlow 1.10 为平台，介绍了深度学习的概念及其应用领域、TensorFlow 的语言基础、构建二维线性拟合模型、可视化模型、全连接网络构建手写字模型以及 AlexNet 网络模型，最后讲到了模型的微调。由浅入深，层层递进，使读者一步步掌握深度学习的原理和技巧。

（2）在内容编排上，坚持以实践、应用为导向。

学习深度学习，需要有深厚的数理基础，这对初学者来说有一定的难度。本书从实践和应用出发，淡化理论，通过大量具体的例子来引导读者学习 TensorFlow 编程技巧。在实践内容的选择上，则尽可能从实用性和趣味性两方面进行考量，选择 MNIST 图像识别的入门项目以及 AlexNet 图像识别项目，使读者在实践中逐渐加深领悟，并最终掌握深度学习的开发技巧。

（3）在具体知识点介绍上，尽量做到清晰而有深度。

编写过程中，尽量用简单的语言描述算法原理，做到条理清晰。

本书各章节的内容安排如下。

任务 1：主要介绍人工智能的发展历程、人工智能与深度学习、人工智能与计算机视觉、人工智能与自然语言处理的关系以及 TensorFlow 深度学习开发环境的搭建过程。

任务 2：介绍深度学习的基本概念，使读者通过计算图、会话、数据喂入、模型的保存与恢复等理解深度学习模型。

任务 3：阐述全连接神经网络模型架构、网络模型的优化方法、学习率、损失函数、向后传播等基本概念。

任务 4：以 MNIST 手写字模型为基础，介绍数据集的下载方法、标签转换为 one-hot、图像转换为矩阵等展示；然后搭建全连接神经网络训练手写字模型；最后检验该模型的正确性。

任务 5：讨论卷积神经网络模型。首先介绍传统的全连接神经网络模型的权限，以及卷积神经网络的网络结构；然后讲解卷积、池化以及特征提取、多通道、多卷积核卷积的概念；最后以 LeNet-5 模型为基础，搭建手写字模型，提高网络训练的准确率。

任务 6：以 AlexNet 卷积神经网络模型为基础，构建物体识别模型。首先介绍 CIFAR-10 数据集的特性、数据集的下载方法以及数据集图片和标签的展示；然后阐述如何通过数据增强的方式扩大数据集，从而增强模型的泛化性；最后通过构建网络模型，识别不同种类的物体。

任务 7：以 TensorBoard 为基础，展示了神经网络的可视化方法。首先介绍 TensorBoard 可视化环境的搭建与配置过程；然后介绍标量、计算图、分布图等不同元素可视化的方法；最后通过可视化性别识别模型，使读者理解神经网络的训练过程。

任务 8：阐述 TensorFlow 最新的数据处理框架。首先介绍 tf.data 数据处理框架的基本机制、迭代器的基本概念；然后讲解数据集的构建与解析过程；最后介绍数据批处理的基本机制。

本书由谷瑞、陈强、谭冠兰主笔编写。参与本书编写的人员还有罗颖、淡海英、盛雪丰、李露、王玉丽、徐迎春、茹新宇、胡海明、马千里等。

在本书的编写过程中，苏永新、谭传艺、文逸、沈杨怡等同学提供了大量帮助，为本书的编写搜集了大量案例。江苏千森信息科技有限公司提供了力所能及的帮助。正是有了他们专心细致的工作，才使得本书的内容更加丰富。在此，对他们表示深深的感谢。

虽然在编写过程中，对书中所述内容已尽量核实、修正，并多次进行了文字校对，但因时间仓促，水平有限，书中的疏漏和错误之处在所难免，敬请广大读者批评指正。

谷　瑞

2020 年 4 月

目　录

任务 1　深度学习简介与开发环境搭建

本章内容

本章将主要介绍人工智能（Artificial Intelligence）的起源与深度学习（Deep Learning）的发展历程，着重阐述深度学习不同发展阶段的重大影响事件；接着将会比较不同深度学习框架的特点，并引导读者安装基于 TensorFlow 的深度学习开发环境。

知识图谱

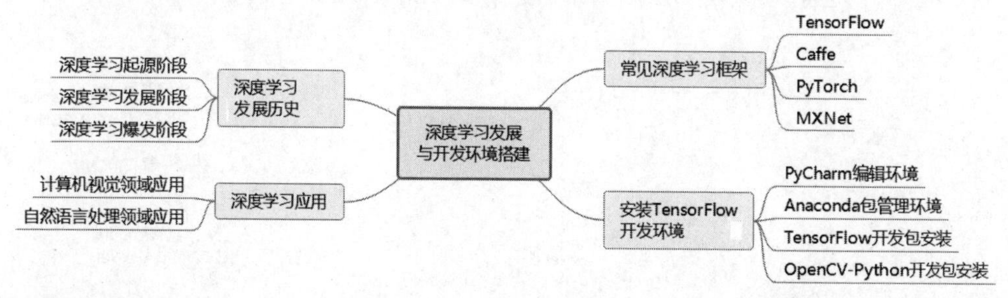

重点难点

重点：理解 TensorFlow 深度学习框架的特点，能熟练地在不同的操作系统平台安装与配置 TensorFlow 开发环境。

难点：TensorFlow 开发环境的安装与配置。

1.1　深度学习的发展及应用

1.1.1　深度学习的发展历程

1956 年，John McCarthy（约翰・麦卡锡）等人在美国达特茅斯学院（Dartmouth College）开会探讨如何使用机器模拟人的智能时（见图 1-1），提出了“人工智能”这一概念。这标志着人工智能学科的诞生，这一年也被称为人工智能元年。

作为人工智能最重要的一个分支，深度学习近年来发展迅猛，在国内外都引起了广泛的关注。但深度学习的火热并不是一时兴起，而是经历了数十年漫长的发展历程，先后经历了起源阶段、发展阶段与爆发阶段，其技术发展脉络如图 1-2 所示。

图 1-1　达特茅斯会议（左起：摩尔、麦卡锡、明斯基、赛弗里奇、所罗门卡夫）

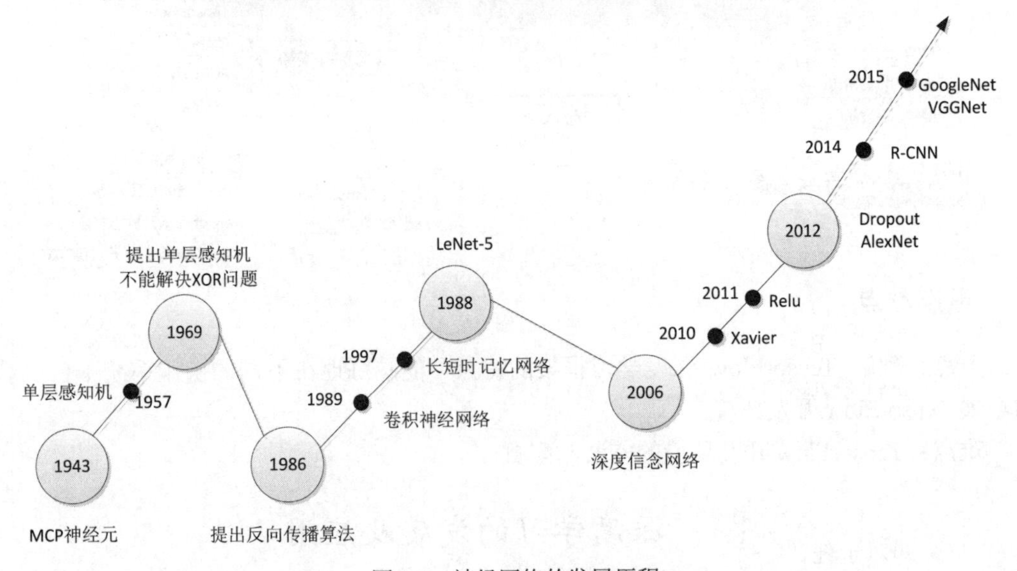

图 1-2　神经网络的发展历程

1. 深度学习起源阶段

1943 年，美国神经生理学家 Warren McCulloch（沃伦 · 麦克洛奇）和逻辑学家 Walter　Pitts（沃尔特 · 皮茨）提出了一种简单的计算模型来模拟神经元，被称为人工神经元模型（见图 1-3），希望能够用计算机来模拟人的神经元反应的过程。该模型将神经元简化为 3 个过程：输入信号线性加权、求和以及非线性激活。

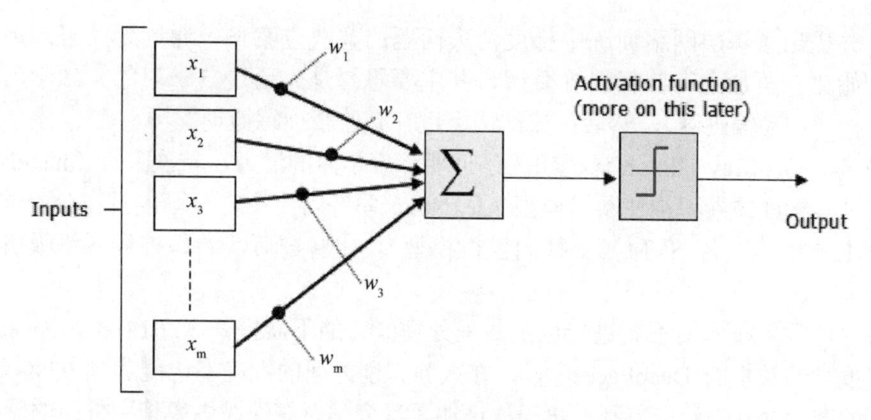

图 1-3　人工神经元模型

1958 年，Frank Rosenblatt（弗兰克・罗森布拉特）提出并发明了感知器（Perceptron）算法，该算法使用人工神经元模型对输入的多维数据进行二分类；1969 年，美国数学家及人工智能先驱 Marvin Minsky（马文・明斯基）在其著作中证明感知器本质上是一种线性模型，只能处理线性分类问题，这使得神经网络的研究陷入了近 20 年的停滞。

2. 深度学习的发展阶段

沉寂了多年之后，关于神经网络的研究又开始慢慢复苏。

1986 年，Geoffrey Hinton（杰弗里・辛顿）提出了一种适用于多层感知器的反向传播算法——BP 算法。BP 算法在传统神经网络正向传播的基础上，增加了误差的反向传播过程，不断调整神经元之间的权值和阈值，直到输出的误差减小到允许的范围之内，或达到预先设定的训练次数为止。BP 算法完美解决了非线性分类问题，让人工神经网络再次引起人们广泛的关注。

1989 年，Robert Hecht-Nielsen（罗伯特・赫克特-尼尔森）证明了多层感知器的万能逼近定理，即对于任何闭区间内的一个连续函数 f，都可以用含有一个隐含层的 BP 网络来逼近。该定理的发现极大地鼓舞了神经网络的研究人员。同年，Yann LeCun（杨立昆）发明了卷积神经网络模型 LeNet-5，将其用于数字识别，取得了很好的成绩。

由于 20 世纪 80 年代计算机的硬件水平有限，运算能力跟不上，导致神经网络规模增大时使用 BP 算法出现了“梯度消失”问题。这直接导致 BP 算法的发展受到了限制，人工神经网络的发展再次进入了瓶颈期。

3. 深度学习的爆发阶段

2006 年是深度学习元年。这一年，Geoffrey Hinton（杰弗里・辛顿）提出了深度学习的概念，并提出了深层网络训练中梯度消失问题的解决方案——通过无监督预训练对权值进行初始化，再加上有监督训练微调。其主要思想是先通过自学习的方法学习到训练数据的结构（自动编码器），然后在该结构上进行有监督训练微调。

2012 年，Geoffrey Hinton 课题组为了证明深度学习的潜力，首次参加 ImageNet 图像识别比赛，其构建的卷积神经网络模型 AlexNet 一举夺得了比赛冠军，且在分类准确率和分类速度上碾压第二名 SVM（支持向量机模型）。比赛过后，卷积神经网络吸引了众多研究者的注意。

随着深度学习技术的不断进步以及数据处理能力的不断提升，2014 年，Facebook 公司基于深度学习技术的 DeepFace 项目，在人脸识别方面的准确率已能达到 97%以上，跟人眼识别的准确率几乎没有差别，再一次证明了深度学习算法在图像识别方面的领先性。

2016 年，Google 公司基于深度学习开发的 AlphaGo 以 4∶1 的比分战胜了国际顶尖围棋高手李世石（见图 1-4），使得深度学习在世界范围内再次掀起狂潮。

图 1-4　AlphaGo 大战李世石

1.1.2　深度学习的应用领域

深度学习最早兴起于图像识别领域，短短几年时间内，已推广到了机器学习的各个领域。如今，深度学习在图像识别、语音识别、自然语言处理、智能医疗等各个领域均有应用。

1. 计算机视觉

计算机视觉是深度学习最早实现突破和取得成就的领域，并首先应用在图像分类行业。

2012 年，AlexNet 赢得了图像分类比赛 ILSVRC（ImageNet Large Scale Visual Recognition Challenge）的冠军，至此深度学习开始受到广泛关注。如图 1-5 所示为历年 ILSVRC 比赛的 Top5 错误率情况。从中可以看出，在深度学习应用之前，传统计算机视觉算法在 ImageNet 数据集上的 Top5 最低错误率是 25.8%。2012 年，Geofrey Hinton 教授的研究小组利用 AlexNet 模型，将 ImageNet 图像的分类错误率大幅拉低，直接降到了 16.4%。2014 年，GoogLeNet 模型再次将分类错误率降至 6.7%（正确率 93.3%）。2015 年，微软公司的 ResNet 模型将错误率降到了 3.57%，也就是说，96.43%的 Top5 正确率已经超过了人眼 94.9%的识别正确率。

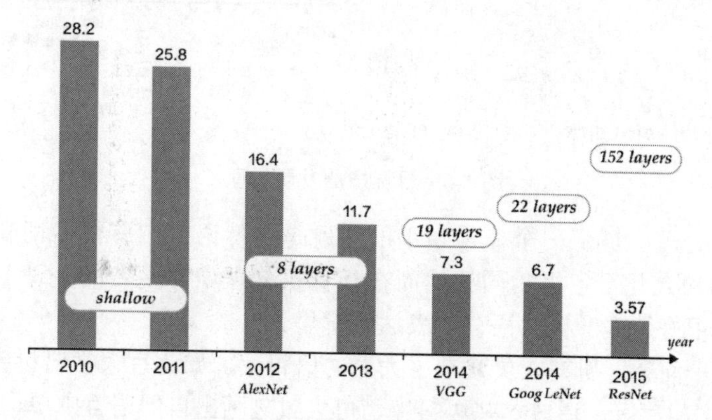

图 1-5　历年 ILSVRC 竞赛错误率

其次，深度学习也大量应用在目标检测领域。

早期的目标检测算法大多是基于手工特征构建的。深度学习诞生之前，人们由于缺乏有效的图像特征表达方法，只能设计出大量多元化的检测算子，以弥补手工特征表达能力上的缺陷。同时，计算资源的缺乏，人们不得不寻找精巧的计算方法以加速模型。

随着卷积神经网络的发展以及网络层数的不断加深，网络的抽象能力、抗平移能力和抗尺度变化能力越来越强。从 2014 年到 2016 年，各类基于深度学习的检测框架如雨后春笋，层出不穷，如基于候选区域的深度学习方法（RCNN→SPPNet→Fast RCNN→Faster RCNN）框架、基于回归算法的深度学习方法（YOLO→SSD）框架等。随着技术的发展，各框架在 PASCAL VOC 数据集上的检测平均精度（mAP）也大幅提升，RCNN 的检测精度为 53.3%，Fast RCNN 的检测精度为 68.4%，Faster RCNN 的检测精度为 75.9%。最新实验显示，Faster RCNN + Resnet101 的检测精度已经可以达到 83.8%。目标检测技术的发展历程如图 1-6 所示。

2. 自然语言处理

深度学习在自然语言处理领域的应用也十分广泛。过去几年间，深度学习在机器翻译、词性标注、语义理解、情感分析等领域取得了突破性成绩，比较广为熟知的如 Google 的翻译以及 iPhone 上的聊天机器人等。

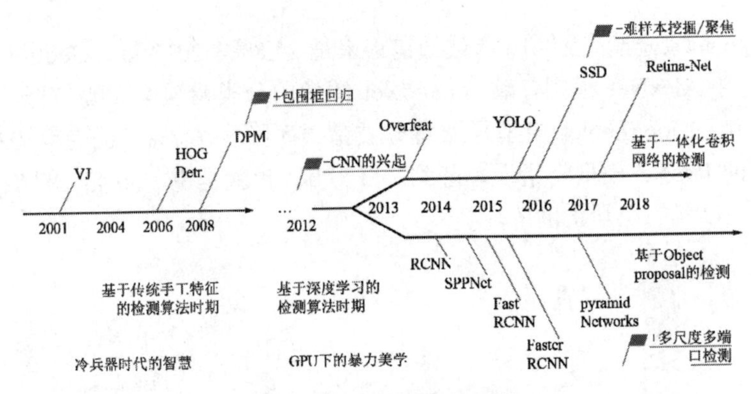

图 1-6　目标检测发展历程

在自然语言处理领域，一个非常棘手的问题是自然语言中有很多词表达的意思非常相近。例如，狗和犬几乎意思相同。然而在计算机处理中，两者的处理差别可能很大，所以计算机无法很好地理解自然语言所表达的意思。

为了解决这个问题，研究人员建立了大量的语料库，如北京大学语料库、斯坦福大学语料库、NLTK 语料库等。通过这些语料库，可大致刻画出自然语言中单词之间的关系。

在模型应用方面，与图像数据不同，自然语言处理的是序列数据，网络的输出不但和当前时刻的输入相关，还可能和过去一段时间内的输出相关，且输入序列的长度可能是不固定的，因此卷积神经网络无法处理序列数据问题。

循环神经网络（Recurrent Neural Networks，RNN）是专门处理序列数据的深度学习模型。它在传统神经网络的基础上加上了一些“记忆”的成分。对于 RNN 来说，序列被看作是一系列随着时间步长递进的事件序列，如图 1-7 所示。

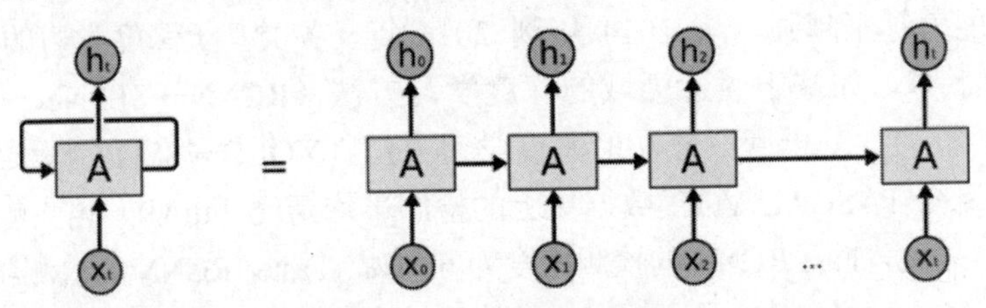

图 1-7　循环神经网络模型

从图 1-7 可以看出，对于一个序列数据，可以将序列上的不同时刻依次输入循环神经网络，输出的可以是对当前时刻处理的结果，也可以是对序列中下一时刻的预测。循环神经网络要求每一时刻都有输入，但不一定每一时刻都有输出。

循环神经网络被广泛应用到语音识别、机器翻译、情感分析等领域，并取得了巨大成功。下面以机器翻译为例，来看一下循环神经网络是如何解决实际问题的。

如图 1-8 所示，需要翻译的句子为 ABCD，那么循环神经网络每一个时刻的输入就分别是 A、B、C 和 D，用“ ”作为待翻译句子的结束符。从结束符“ ”开始，循环神经网络进入翻译阶段，该阶段中某一时刻的输入是上个时刻的输出，最终得到的输出就是句子 ABCD 翻译的结果。

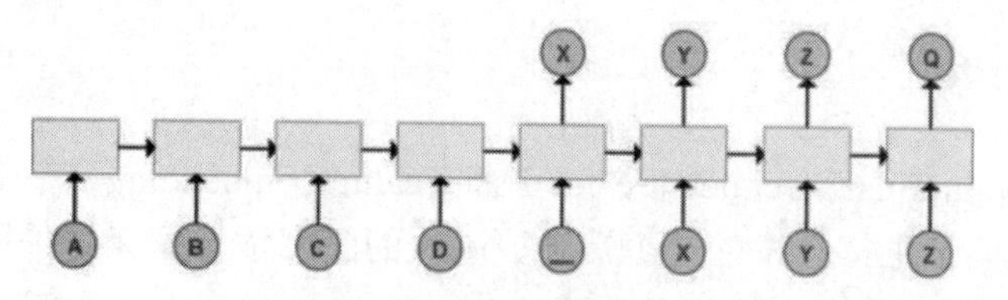

图 1-8　循环神经网络处理机器翻译模型

1.2　深度学习框架简介

1.2.1　TensorFlow

TensorFlow 是 Google 公司推出的深度学习框架，于 2005 年 11 月发布。截至 2017 年，已经发布了 30 多个版本（见图 1-9），成为深度学习开发中最受欢迎的开源框架。

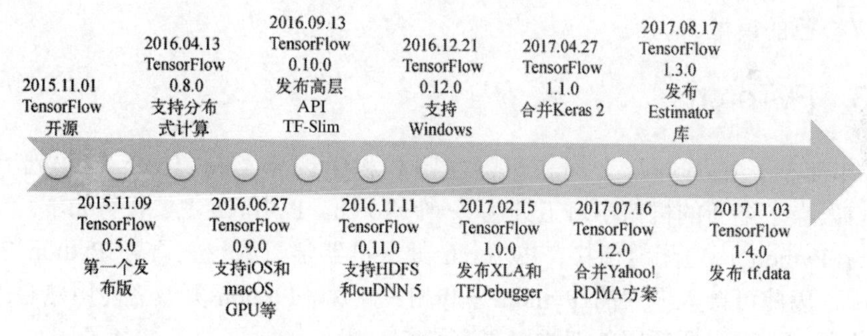

图 1-9　TensorFlow 版本发展过程

TensorFlow 能够在众多开源框架中杀出重围，除了 Google 公司的大力支持以外，其自身也有着超然的性能。

- 运算性能强：在构建和部署机器学习系统时，性能是至关重要的。TensorFlow 1.0 加入的线性代数编译器 XLA，可全方位提升计算性能，在 CPU、GPU、TPU、嵌入式设备等平台上快速运行机器学习模型的训练与推理任务，同时提供了大量针对不同软硬件环境的优化配置参数。
- 支持生产环境部署：TensorFlow 支持使用同一套 API 实现编程环境和生产环境的部署。可快速地将想法和原型运用到生产环境的产品中，也非常适宜在学术圈分享研究成果。

- 语言接口丰富：TensorFlow 核心层由 C++实现，应用层使用 SWIG 等技术封装，提供了多语言 API 支持。目前，官方支持的语言有 Python、C、C++、Java、Go 等。

1.2.2 Caffe

Caffe（Convolutional Architecture for Fast Feature Embedding）于 2003 年发布，是伯克利大学贾扬清博士主持开发的一个清晰、高效的深度学习框架。采用 C++编写，支持英伟达（NVIDIA）公司的 GPU，支持命令行、Python 和 Matlab 接口，可以在 CPU 和 GPU 间无缝切换。

Caffe 的主要特点如下。

- 上手快：模型与相应优化以文本形式而非代码形式给出。Caffe 给出了模型的定义、最优化设置以及预训练的权重，方便快速上手。
- 能运行最棒的模型与海量的数据：Caffe 与 cuDNN 结合使用，使得处理图片的时间非常短。
- 模块化：便于扩展到新的任务和设置上，且可以使用 Caffe 提供的各层类型来定义自己的模型。

1.2.3 PyTorch

2017 年年初，Facebook 公司在机器学习和科学计算工具 Torch 的基础上，针对 Python 语言发布了全新的机器学习工具包——PyTorch。PyTorch 主要优势如下。

- 与 Python 语言无缝衔接：PyTorch 处于机器学习第一大语言 Python 的生态圈中，因此可接入庞大的 Python 库和相关软件。Python 开发者能用熟悉的风格写代码，而不需要调用外部的 C 语言或 C++库。
- 采用动态计算图结构：不需要从头重新构建整个网络，采用动态计算图（Dynamic Computational Graph）结构，而不是大多数开源框架（如 TensorFlow、Caffe 等）采用的静态计算图。
- 采用定制的 GPU 内存分配器：使得深度学习模型有最大限度的内存效能，能训练更大的深度神经网络。

1.2.4 MXNet

MXNet 是 Amazon 公司于 2016 年推出的深度学习框，是一个轻量级，高性能，对分布式、嵌入式等多种场景都提供优异支持的框架。

MXNet 框架的主要特性如下。

- 从云端到客户端均可移植：可运行于多 CPU、多 GPU、集群、服务器、工作站甚至移动智能手机上。
- 多语言支持：支持 C++、Python、R、Scala、Julia、Matlab 和 JavaScript 等 7 种主流编程语言。事实上，MXNet 是唯一一个支持所有 R 函数的构架。
- 本地分布式训练：支持多 CPU/GPU 设备上的分布式训练，可充分利用云计算的规模优势。
- 云端友好：可直接与 S3、HDFS 和 Azure 兼容。

1.2.5　不同框架的对比

放眼全球，Google、Facebook、Amazon、Microsoft 等国际巨头均在深度学习领域重手布局。Google 坐拥 TensorFlow，江湖地位稳居第一；Facebook 携手 Caffe 和 PyTorch，以图三分天下；Amazon 拥抱 MXNet，不甘落于人后。

如图 1-10 所示为 2018 年 12 月各深度学习框架的市场占有率。

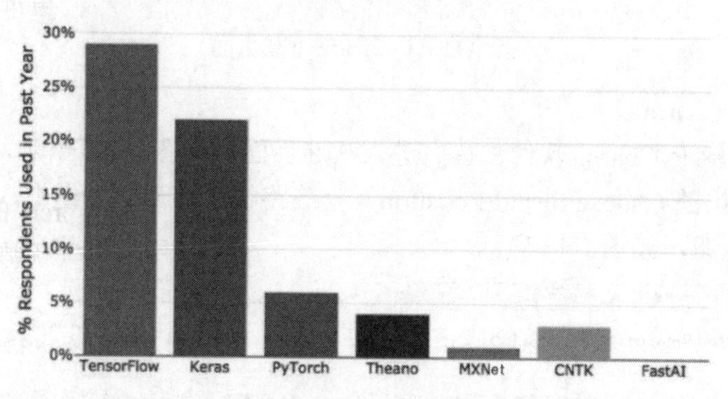

图 1-10　不同深度学习框架市场占有率

1.3　开发环境搭建

1.3.1　Windows 环境下的安装配置

1. 安装 PyCharm

PyCharm 是目前深度学习中应用广泛、最受欢迎的开发环境之一。它功能强大，亲和力强，具有语法高亮、Project 管理、代码跳转、智能提示、自动完成、单元测试、版本控制等各类功能。

PyCharm 分为专业版和社区版两款。社区版是免费的，仅用作数据科学研究的话，社区版的功能足够了。

（1）下载 PyCharm。

PyCharm 包括 Windows、Linux 和 iOS 3 个版本，Windows 版本的官方下载地址为 https://www.jetbrains.com/pycharm/download/#section=windows，界面如图 1-11 所示。Windows 系统应选择右侧方框内的版本。

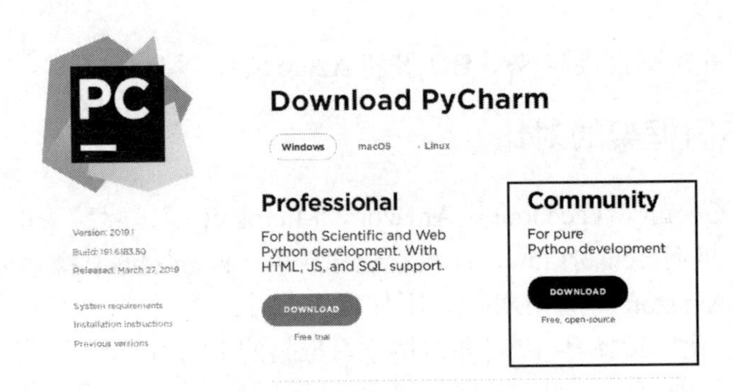

图 1-11　PyCharm 下载页面

（2）安装 PyCharm。

双击开始安装 PyCharm 软件，首先进入欢迎界面，如图 1-12 所示，单击 Next 按钮进行安装。在弹出的 Choose Install Location（安装路径选择）对话框中，选择安装路径，然后单击 Next 按钮，如图 1-13 所示。

图 1-12　安装欢迎界面

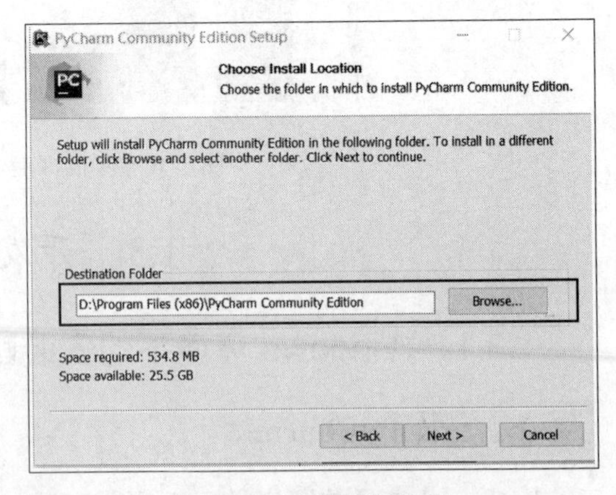

图 1-13　安装路径选择

在 Installation Options（安装选项设置）对话框中，根据个人计算机的配置情况，选择 32 位或 64 位，这里选中 64-bit launcher 复选框；选中 Add launchers dir to the PATH 复选框，将安装环境添加到路径中；选中 py 复选框，将该编辑器与 py 文件关联起来。最后，单击 Next 按钮，如图 1-14 所示。

在 Choose Start Menu Folder（开始菜单文件夹选择）对话框中，保持默认选择，单击 Install 按钮，如图 1-15 所示。

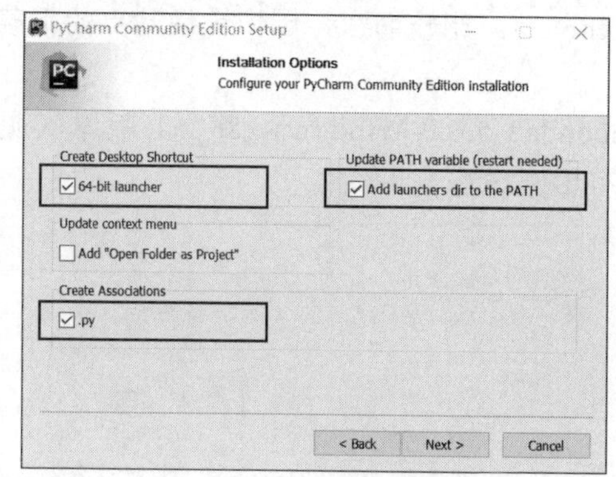

图 1-14　安装选项设置

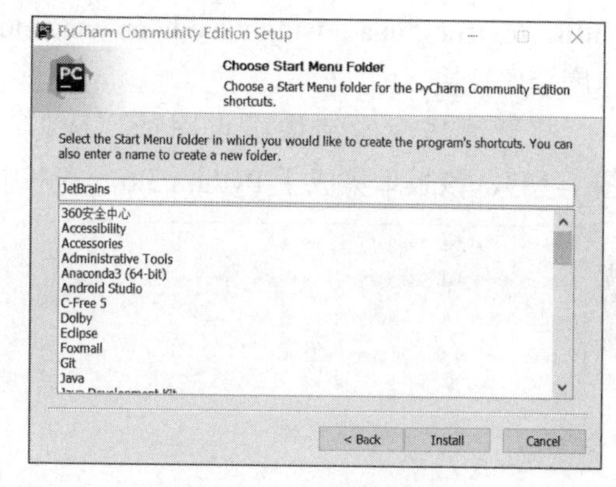

图 1-15　开始菜单设置

软件开始安装，并显示安装进度，如图 1-16 所示。

安装完成之后，会弹出如图 1-17 所示界面。因为在前边安装选项设置中选择了 Add launchers dir to the PATH 选项，所以这里选择 Reboot now 选项，立即重启计算机，完成最终安装。

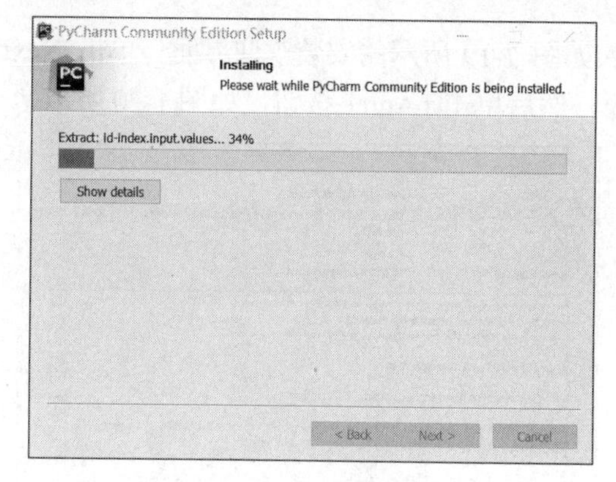

图 1-16　安装进度条

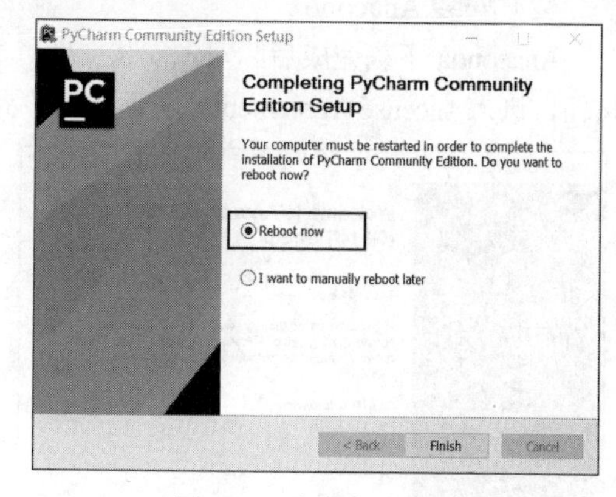

图 1-17　安装完成界面

2. 安装 Anaconda

Anaconda 是一个开源的 Python 发行版本，包含 conda、Python 等 180 多个科学包及依赖项。Anaconda 最大的特点就是可以在线便捷获取包及其依赖，并能对不同版本的包进行管理，也可对环境进行统一管理。因为包含了大量的科学包，Anaconda 的下载文件比较大。

（1）下载 Anaconda。

Anaconda 可以从其国外官方网站上下载，也可以通过清华大学的镜像站点下载（https://mirrors.tuna．tsinghua.edu.cn/anaconda/archive/）。相较而言，国内镜像站点的下载速度会比较快。

打开清华大学镜像站点网址，选择 Anaconda3-5.0.0-Windows-x86_64 版本（见图 1-18），该版本集成了 Python 3.6，本书中所有案例均基于此。

Anaconda3-4.4.0-Windows-x86.exe	362.2 MiB	2017-05-31 03:26
Anaconda3-4.4.0-Windows-x86_64.exe	437.6 MiB	2017-05-31 03:27
Anaconda3-4.4.0.1-Linux-ppc64le.sh	285.6 MiB	2017-07-29 03:48
Anaconda3-5.0.0-Linux-ppc64le.sh	296.3 MiB	2017-09-27 05:31
Anaconda3-5.0.0-Linux-x86.sh	429.3 MiB	2017-09-27 05:43
Anaconda3-5.0.0-Linux-x86_64.sh	523.4 MiB	2017-09-27 05:43
Anaconda3-5.0.0-MacOSX-x86_64.pkg	567.2 MiB	2017-09-27 05:31
Anaconda3-5.0.0-MacOSX-x86_64.sh	489.9 MiB	2017-09-27 05:34
Anaconda3-5.0.0-Windows-x86.exe	415.8 MiB	2017-09-27 05:34
Anaconda3-5.0.0-Windows-x86_64.exe	510.0 MiB	2017-09-27 06:17
Anaconda3-5.0.0.1-Linux-x86.sh	429.8 MiB	2017-10-03 00:33

图 1-18　清华大学镜像站点 Anaconda 版本列表

（2）安装 Anaconda。

Anaconda 下载完成后，双击安装文件，进入如图 1-19 所示的安装欢迎界面。单击 Next 按钮，进入 License Agreement（认证许可）界面，然后单击 I Agree 按钮，如图 1-20 所示。

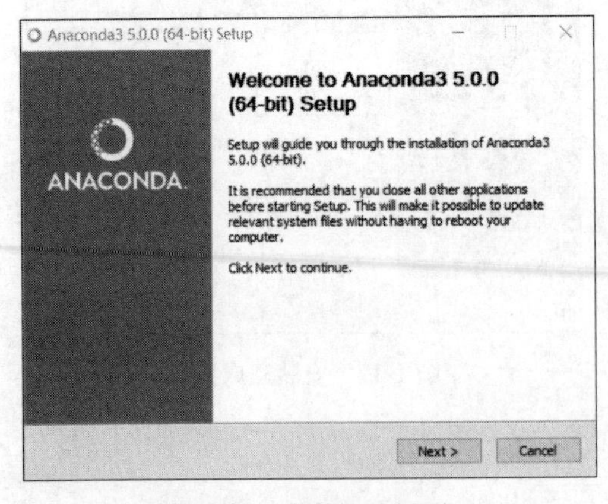

图 1-19　安装欢迎界面

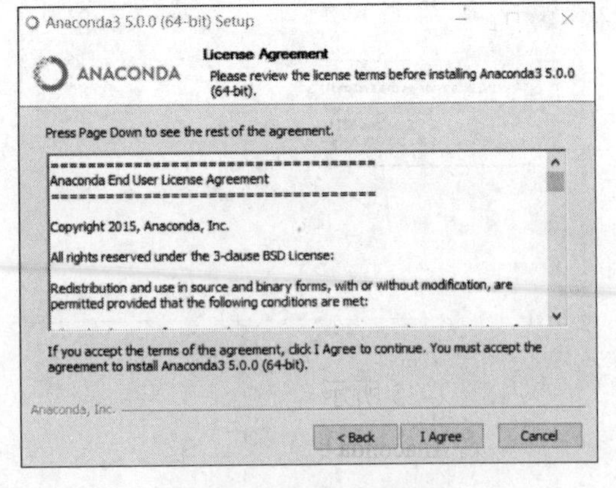

图 1-20　认证许可界面

在 Select Installation Type（安装类型设置）对话框中，选中 All Users 复选框，允许本机所有用户使用 Anaconda，然后单击 Next 按钮，如图 1-21 所示。

在 Choose Installation Location（安装位置设置）对话框中，选择 Anaconda 的安装目录，这里安装到 D 盘，如图 1-22 所示。

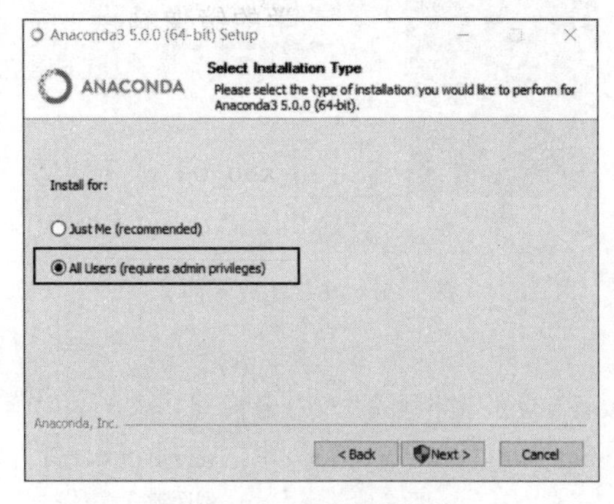

图 1-21　设置安装类型

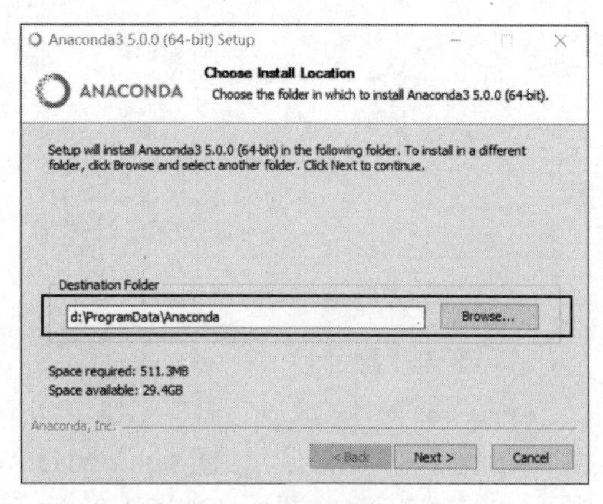

图 1-22　选择安装目录

在 Advanced Installation Options（高级安装选项设置）对话框中，把 Anaconda 的 Python 版本注册为 3.6 版本，单击 Install 按钮，如图 1-23 所示。

系统开始安装 Anaconda，并显示进度条，如图 1-24 所示。

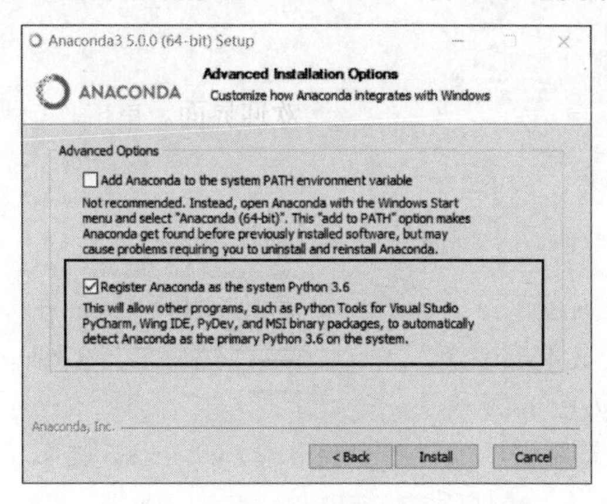

图 1-23　Anaconda 的 Python 版本选择

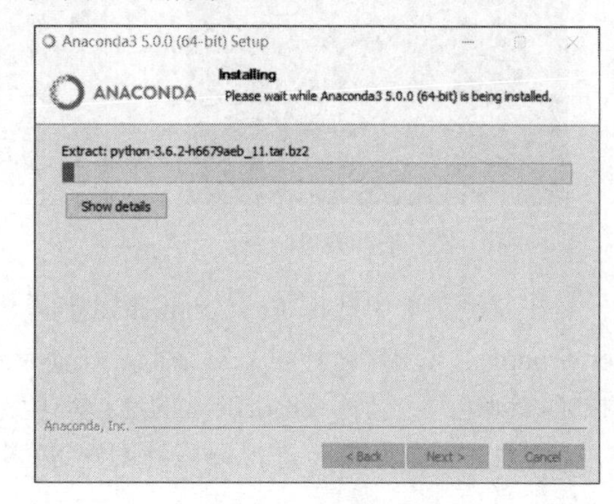

图 1-24　安装进度条

在如图 1-25 所示对话框中单击 Next 按钮，然后在如图 1-26 所示对话框中单击 Finish 按钮，完成 Anaconda 的安装。

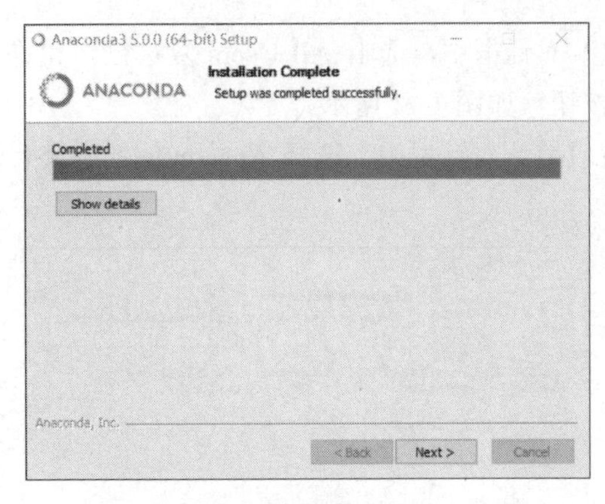

图 1-25　安装完成界面 1

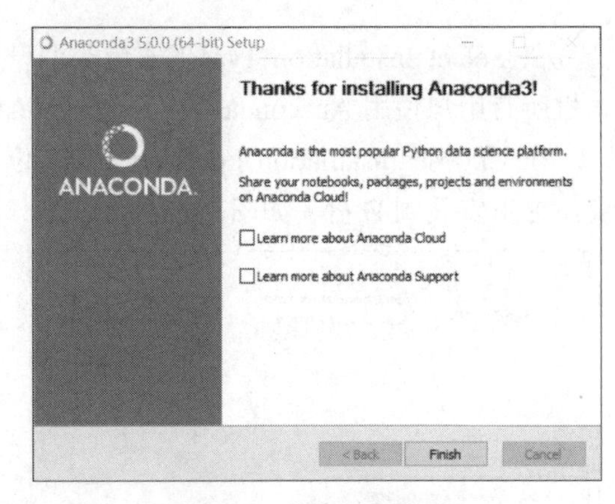

图 1-26　安装完成界面 2

（3）创建虚拟环境。

Anaconda 安装完成后，需要创建一个 TensorFlow 的虚拟环境，用来管理相关的包。

单击“开始”按钮，选择 Anaconda3/Anaconda Navigator 命令，如图 1-27 所示，打开 Anaconda Navigator 主界面，如图 1-28 所示。

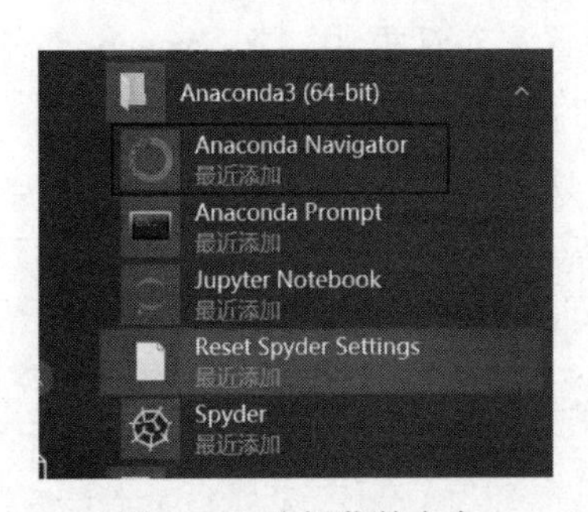

图 1-27　选择菜单命令

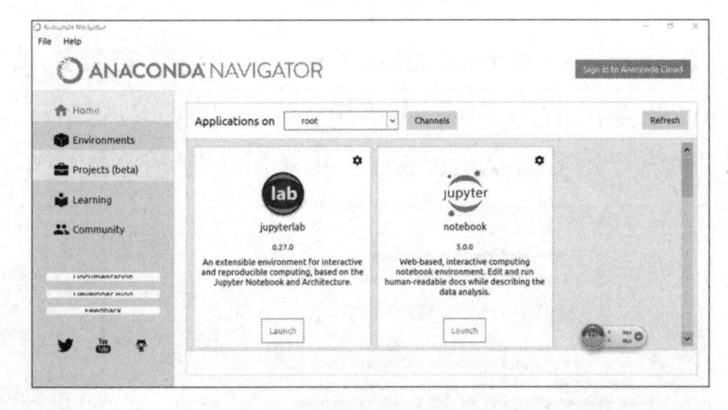

图 1-28　Anaconda Navigator 主界面

在左侧菜单中选择 Environments 选项，在右侧下方单击 Create 按钮，打开 Creat new environment（创建新环境）对话框，在 Name 文本框中输入 tensorflow，然后单击 Create 按钮，创建一个名为 tensorflow 的虚拟环境，如图 1-29 所示。

注意，TensorFlow 虚拟环境的创建过程比较缓慢，可能还需要下载 Python 3.6 类库及一些依赖包。

3. 基于 Anaconda 的 TensorFlow 安装

（1）激活 TensorFlow 虚拟环境。

单击“开始”按钮，选择 Anaconda3/Anaconda Prompt 命令，如图 1-30 所示，打开

Anaconda 命令行窗口，如图 1-31 所示。

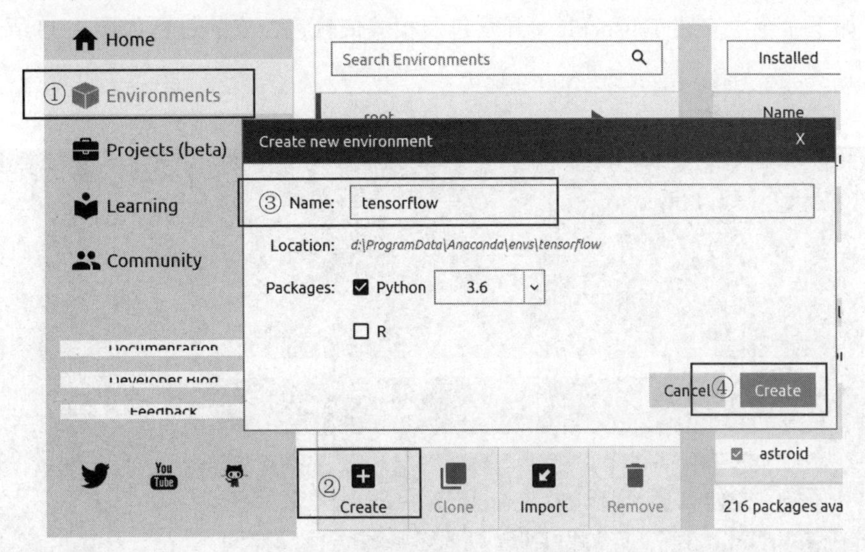

图 1-29　创建 TensorFlow 虚拟环境

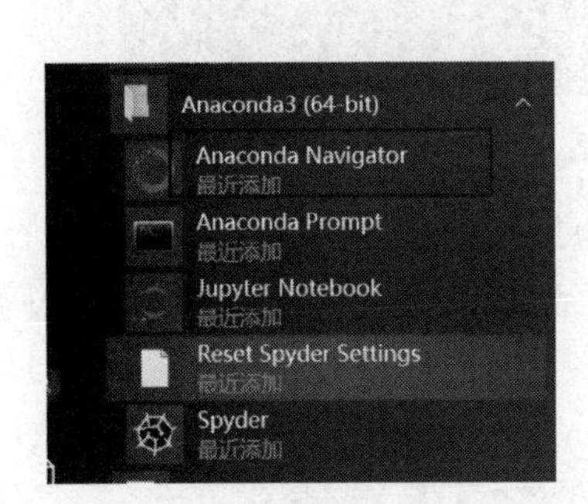

图 1-30　选择菜单命令

图 1-31　Anaconda 命令行窗口

输入如下命令，激活 TensorFlow 虚拟环境，如图 1-32 所示。

```
activate tensorflow
```

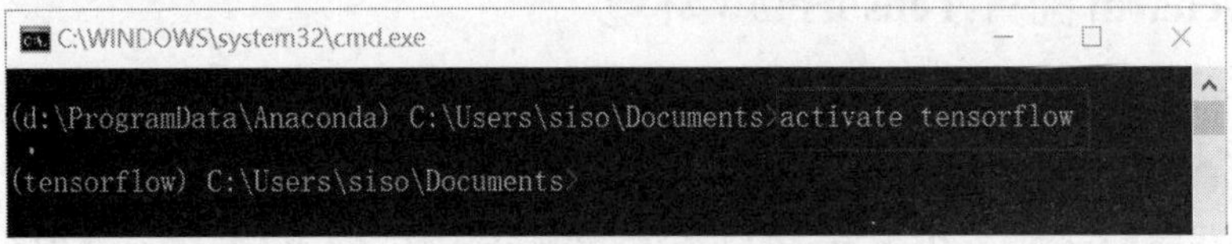

```
(d:\ProgramData\Anaconda) C:\Users\siso\Documents>activate tensorflow
(tensorflow) C:\Users\siso\Documents>
```

图 1-32　激活 TensorFlow 虚拟环境

（2）安装 TensorFlow 开发包。

执行如下命令，安装 TensorFlow 开发包及相关依赖包，安装过程如图 1-33 所示。

```
pip install --upgrade tensorflow
```

图 1-33　TensorFlow 安装过程

注意，安装前，最好能在命令行窗口中配置下载地址为清华大学镜像站点网址，避免从国外下载 TensorFlow 开发包，加快下载进度。配置清华大学镜像网址的代码如下：

```
conda config --add channels https://mirrors.tuna.tsinghua.edu.cn/anaconda/pkgs/free/
conda config --add channels https://mirrors.tuna.tsinghua.edu.cn/anaconda/pkgs/main/
conda config --set show_channel_urls yes
```

4. Pycharm 配置 TensorFlow 环境

TensorFlow 安装完成后，还需要集成到 PyCharm 开发环境中去。

打开 PyCharm 软件，单击右下角的 Configure 按钮，如图 1-34 所示。

打开 Settings for New Projects 窗口，在左侧选择 Project Interpreter 选项，然后单击右上角的“设置”按钮，如图 1-35 所示。

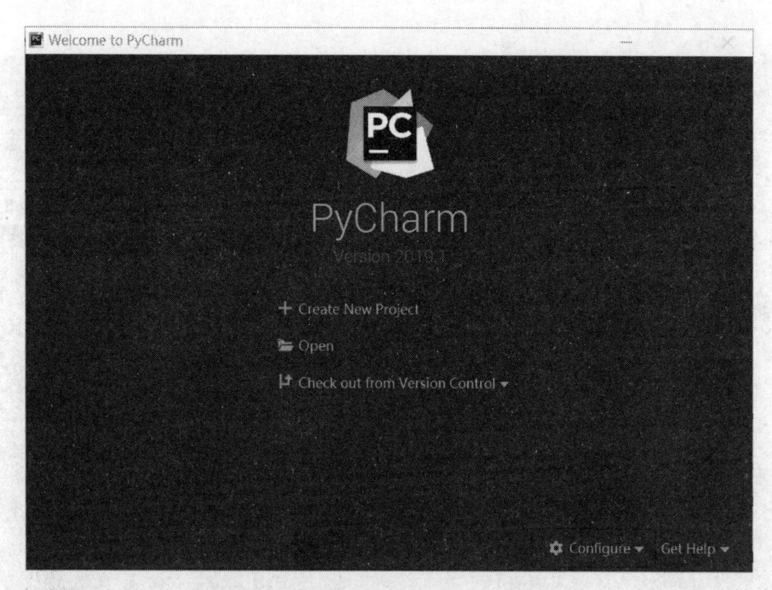

图 1-34　配置 TensorFlow 环境 1

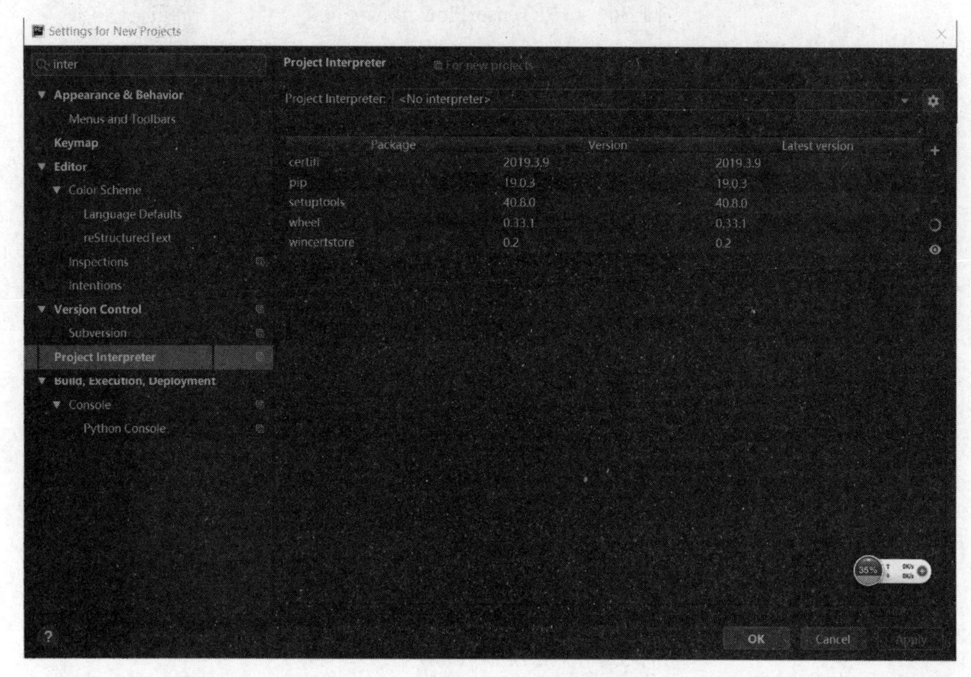

图 1-35　配置 TensorFlow 环境 2

再单击 Add 按钮，在如图 1-36 和图 1-37 界面中，把 TensorFlow 的虚拟环境添加到 System Interpreter 中。

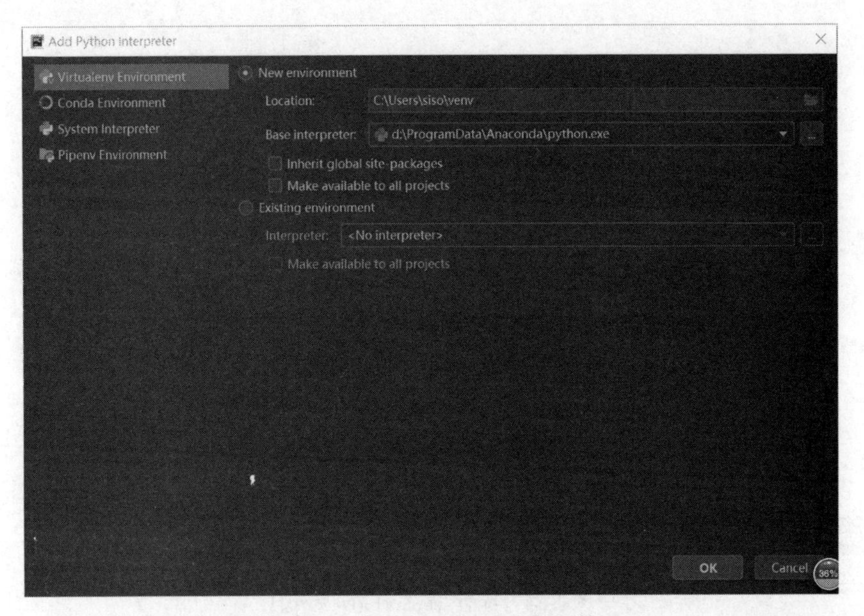

图 1-36　添加 TensorFlow 虚拟环境 1

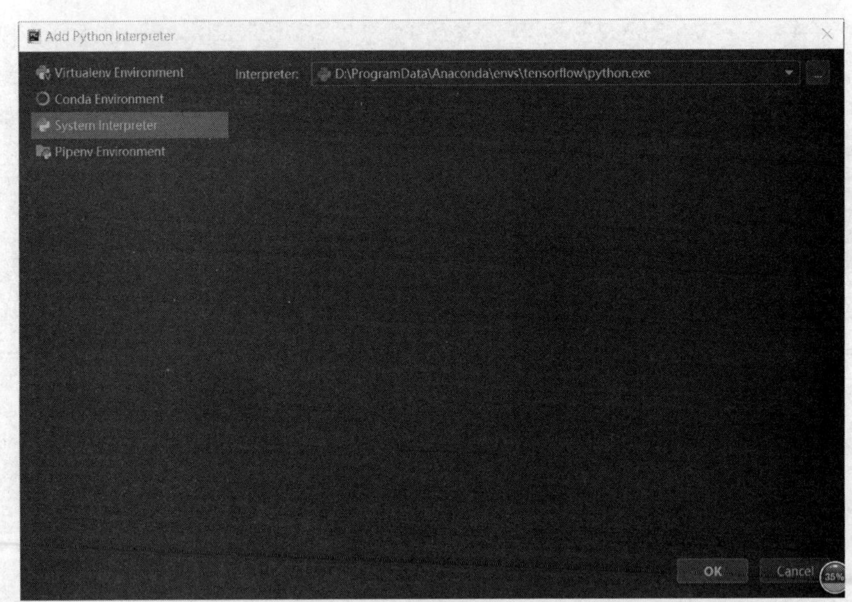

图 1-37　添加 TensorFlow 虚拟环境 2

在 PyCharm 中新建项目 helloWord，在 Python 文件中输入如下代码：

```
import tensorflow as tf
```

```
hello = tf.constant('Hello,world!')
with tf.Session() as sess:
    print(sess.run(hello))
```

运行代码，输出 Hello，world！字符串，则表示环境安装成功。

5. Anaconda 下安装其他开发包

本书个别案例需要用到 matplotlib 及 OpenCV-Python 开发包，下面简单介绍一下两个开发包的安装过程

（1）安装 matplotlib。

打开 Anaconda 命令行窗口，输入如下命令，激活 TensorFlow 虚拟环境。

```
activate tensorflow
```

激活 TensorFlow 虚拟环境后，运行如下命令，完成相关开发包的安装，如图 1-38 所示。

```
conda install matplotlib
```

```
C:\WINDOWS\system32\cmd.exe - conda install matplotlib
blas-1.0-mkl.t 100% | #################################### | Time: 0:00:00  2.06 MB/s
ca-certificate 100% | #################################### | Time: 0:00:00  1.36 MB/s
icc_rt-2019.0. 100% | #################################### | Time: 0:00:01  9.44 MB/s
intel-openmp-2 100% | #################################### | Time: 0:00:00 11.81 MB/s
mkl-2019.3-203 100% | #################################### | Time: 0:00:14 11.36 MB/s
icu-58.2-ha66f 100% | #################################### | Time: 0:00:01 11.81 MB/s
jpeg-9b-hb83a4 100% | #################################### | Time: 0:00:00 12.35 MB/s
openssl-1.1.1b 100% | #################################### | Time: 0:00:00 11.23 MB/s
zlib-1.2.11-h6 100% | #################################### | Time: 0:00:00  8.78 MB/s
libpng-1.6.36- 100% | #################################### | Time: 0:00:00 11.76 MB/s
freetype-2.9.1 100% | #################################### | Time: 0:00:00 12.37 MB/s
kiwisolver-1.0 100% | #################################### | Time: 0:00:00 10.39 MB/s
numpy-base-1.1 100% | #################################### | Time: 0:00:00 12.35 MB/s
pyparsing-2.3. 100% | #################################### | Time: 0:00:00  8.34 MB/s
pytz-2018.9-py 100% | #################################### | Time: 0:00:00 11.03 MB/s
qt-5.9.7-vc14h 100% | #################################### | Time: 0:00:09 10.66 MB/s
sip-4.19.8-py3 100% | #################################### | Time: 0:00:00  9.33 MB/s
six-1.12.0-py3 100% | #################################### | Time: 0:00:00  7.56 MB/s
tornado-6.0.2- 100% | #################################### | Time: 0:00:00 11.22 MB/s
cycler-0.10.0- 100% | #################################### | Time: 0:00:00  6.86 MB/s
mkl_random-1.0 100% | #################################### | Time: 0:00:00 11.65 MB/s
pyqt-5.9.2-py3 100% | #################################### | Time: 0:00:00 11.78 MB/s
python-dateuti 100% | #################################### | Time: 0:00:00 12.05 MB/s
matplotlib-3.0 100% | #################################### | Time: 0:00:00 10.95 MB/s
mkl_fft-1.0.10 100% | #################################### | Time: 0:00:00 11.64 MB/s
numpy-1.16.2-p 100% | #################################### | Time: 0:00:00  3.62 MB/s
```

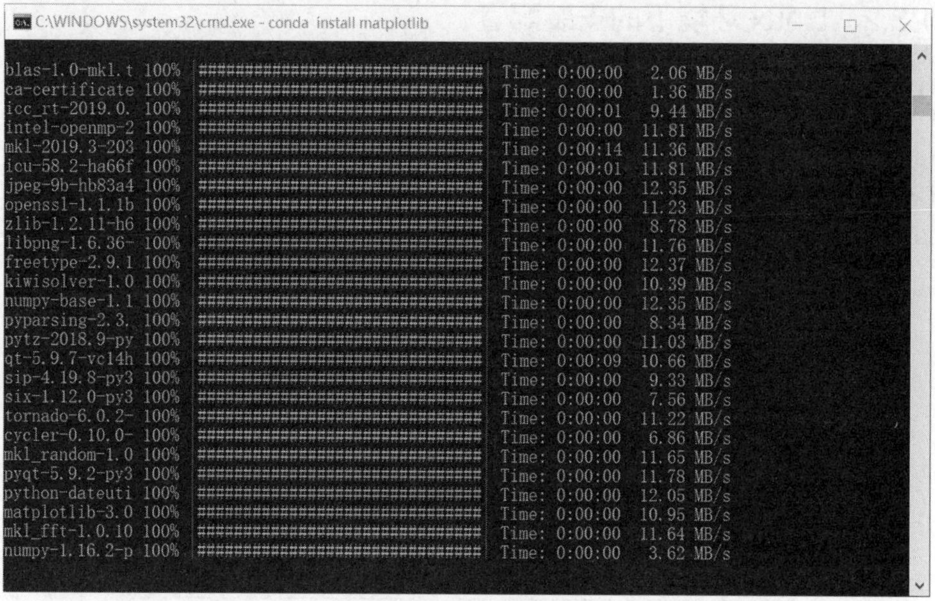

图 1-38　matplotlib 安装

（2）安装 OpenCV-Python。

安装 OpenCV-Python 时，由于资源稳定性问题，经常会安装不成功。比较通用的做

法是下载.whl 文件（清华大学镜像站点网址为：https://mirrors.tuna.tsinghua.edu.cn/pypi/web/simple/opencv-python/），将其复制到 TensorFlow 虚拟目录下的 Lib\site-packages\目录下，然后执行如下代码：

```
pip install opencv_python-3.4.1.15-cp36-cp36m-win_amd64.whl
```

OpenCV-Python 开发包离线安装如图 1-39 所示。

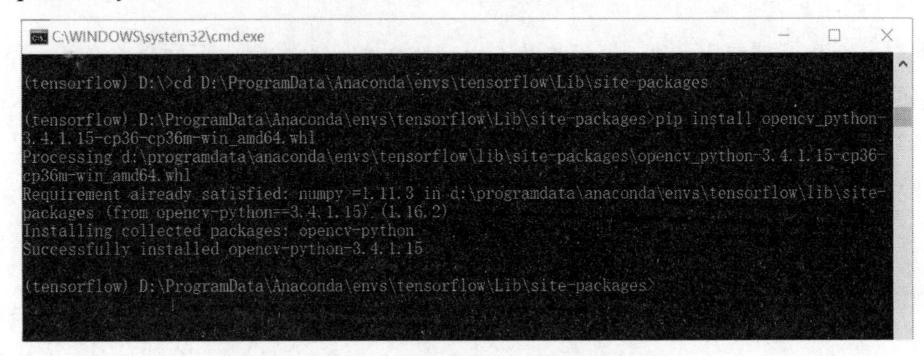

图 1-39　OpenCV-Python 开发包离线安装

1.3.2　Linux 环境下的安装配置

1.　安装 PyCharm

（1）下载 PyCharm。

Linux 版本的 PyCharm 官方下载地址为 https://www.jetbrains.com/pycharm/download/#section=linux，下载界面如图 1-40 所示。同样，选择右侧的 Community 版本。

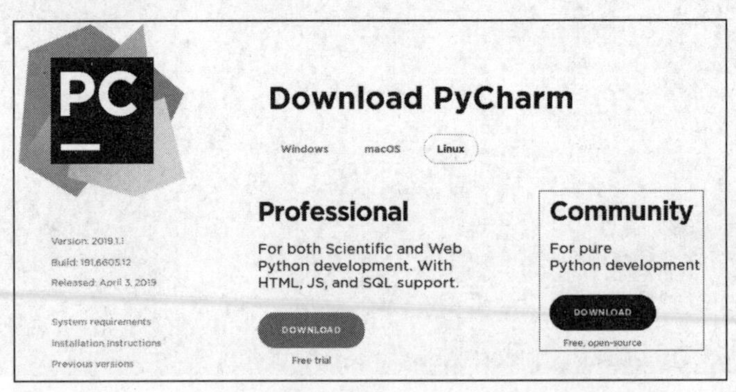

图 1-40　Linux PyCharm 下载页面

（2）解压 PyCharm。

在 Linux 终端打开安装包所在的路径，运行如下命令，解压文件。

```
tar -zxvf pycharm-community-2019.1.1.tar.gz
```

解压完成后，界面如图 1-41 所示。

```
jason@jason-virtual-machine: ~/DeepLearning/tool
pycharm-community-2019.1.1/jre64/lib/tzdb.dat
pycharm-community-2019.1.1/jre64/release
pycharm-community-2019.1.1/product-info.json
pycharm-community-2019.1.1/bin/format.sh
pycharm-community-2019.1.1/bin/fsnotifier
pycharm-community-2019.1.1/bin/fsnotifier-arm
pycharm-community-2019.1.1/bin/fsnotifier64
pycharm-community-2019.1.1/bin/inspect.sh
pycharm-community-2019.1.1/bin/printenv.py
pycharm-community-2019.1.1/bin/pycharm.sh
pycharm-community-2019.1.1/bin/restart.py
pycharm-community-2019.1.1/jre64/bin/jaotc
pycharm-community-2019.1.1/jre64/bin/java
pycharm-community-2019.1.1/jre64/bin/javac
pycharm-community-2019.1.1/jre64/bin/jdb
pycharm-community-2019.1.1/jre64/bin/jjs
pycharm-community-2019.1.1/jre64/bin/jrunscript
pycharm-community-2019.1.1/jre64/bin/keytool
pycharm-community-2019.1.1/jre64/bin/pack200
pycharm-community-2019.1.1/jre64/bin/rmid
pycharm-community-2019.1.1/jre64/bin/rmiregistry
pycharm-community-2019.1.1/jre64/bin/serialver
pycharm-community-2019.1.1/jre64/bin/unpack200
jason@jason-virtual-machine:~/DeepLearning/tool$
```

图 1-41　解压完成界面

（3）安装 PyCharm。

进入当前路径，运行如下安装命令，进行 PyCharm 安装。

```
cd pycharm-community-2019.1.1/bin/
./pycharm.sh
```

安装各阶段的界面如图 1-42 ~图 1-44 所示。安装完成后的启动界面如图 1-45 所示。

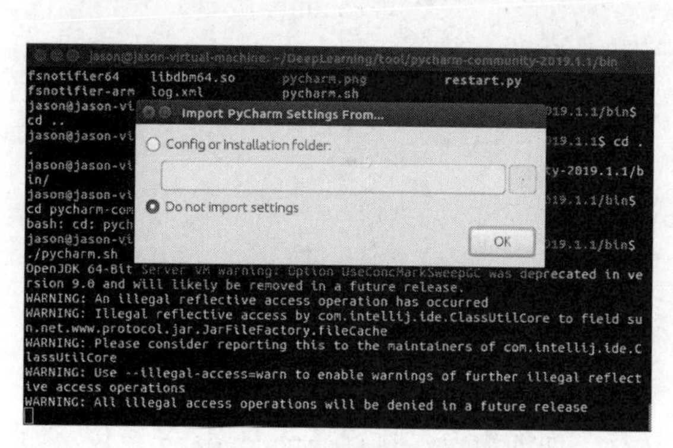

图 1-42　安装文件夹设置

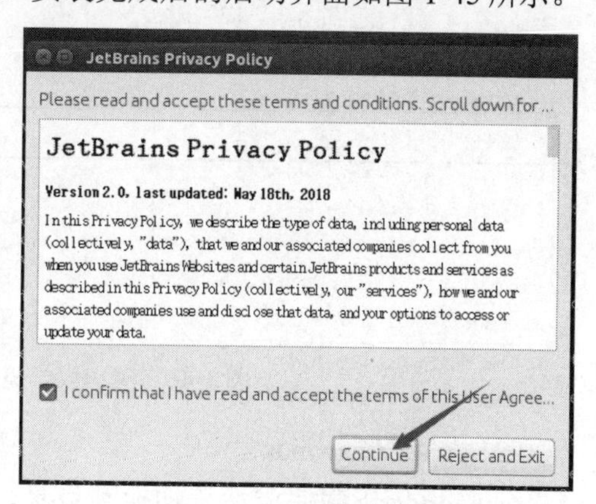

图 1-43　隐私授权设置

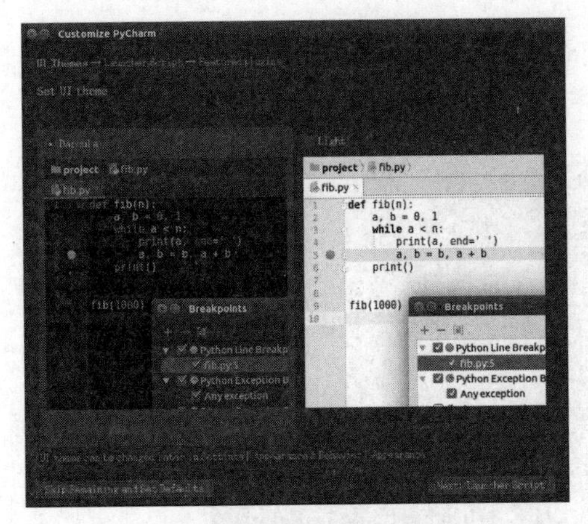

图 1-44　界面类型选择

图 1-45　安装完成启动界面

2. 安装 Anaconda

（1）下载 Anaconda。

同样，这里从清华大学的镜像站点（https://mirrors.tuna.tsinghua.edu.cn/anaconda/archive/）中下载 Anaconda。打开清华大学镜像站点网址，选择 Anaconda3-5.0.0-Linux-x86_64.sh（见图 1-46），该版本集成了 Python 3.6。

Anaconda3-4.4.0-Windows-x86.exe	362.2 MiB	2017-05-31 03:26
Anaconda3-4.4.0-Windows-x86_64.exe	437.6 MiB	2017-05-31 03:27
Anaconda3-4.4.0.1-Linux-ppc64le.sh	285.6 MiB	2017-07-29 03:48
Anaconda3-5.0.0-Linux-ppc64le.sh	296.3 MiB	2017-09-27 05:31
Anaconda3-5.0.0-Linux-x86.sh	429.3 MiB	2017-09-27 05:43
Anaconda3-5.0.0-Linux-x86_64.sh	523.4 MiB	2017-09-27 05:43
Anaconda3-5.0.0-MacOSX-x86_64.pkg	567.2 MiB	2017-09-27 05:31
Anaconda3-5.0.0-MacOSX-x86_64.sh	489.9 MiB	2017-09-27 05:34
Anaconda3-5.0.0-Windows-x86.exe	415.8 MiB	2017-09-27 05:34
Anaconda3-5.0.0-Windows-x86_64.exe	510.0 MiB	2017-09-27 06:17
Anaconda3-5.0.0.1-Linux-x86.sh	429.8 MiB	2017-10-03 00:33

图 1-46　清华大学镜像站点 Anaconda 版本列表

（2）安装 Anaconda。

Anaconda 下载完成后，切换到目录，运行下面的命令，执行 Anaconda 安装包，如图 1-47 所示。

```
bash Anaconda3-5.0.0-Linux-x86_64.sh
```

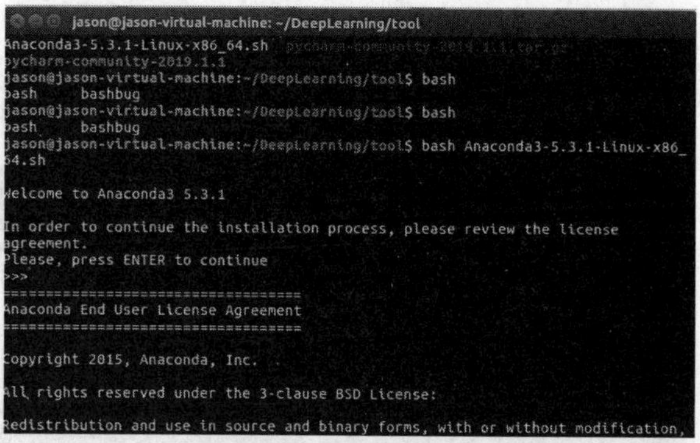

```
jason@jason-virtual-machine: ~/DeepLearning/tool
Anaconda3-5.3.1-Linux-x86_64.sh  pycharm-community-2019.1.1.tar.gz
pycharm-community-2019.1.1
jason@jason-virtual-machine:~/DeepLearning/tool$ bash
bash      bashbug
jason@jason-virtual-machine:~/DeepLearning/tool$ bash
bash      bashbug
jason@jason-virtual-machine:~/DeepLearning/tool$ bash Anaconda3-5.3.1-Linux-x86_
64.sh

Welcome to Anaconda3 5.3.1

In order to continue the installation process, please review the license
agreement.
Please, press ENTER to continue
>>>
===================================
Anaconda End User License Agreement
===================================

Copyright 2015, Anaconda, Inc.

All rights reserved under the 3-clause BSD License:

Redistribution and use in source and binary forms, with or without modification,
```

图 1-47　Ubuntu 下 Anaconda 安装包执行

安装运行到是否同意软件授权时，输入 yes，如图 1-48 所示。

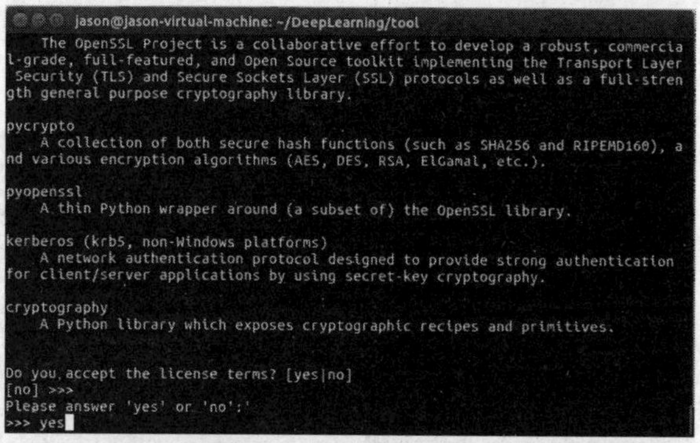

```
jason@jason-virtual-machine: ~/DeepLearning/tool
    The OpenSSL Project is a collaborative effort to develop a robust, commercia
l-grade, full-featured, and Open Source toolkit implementing the Transport Layer
 Security (TLS) and Secure Sockets Layer (SSL) protocols as well as a full-stren
gth general purpose cryptography library.

pycrypto
    A collection of both secure hash functions (such as SHA256 and RIPEMD160), a
nd various encryption algorithms (AES, DES, RSA, ElGamal, etc.).

pyopenssl
    A thin Python wrapper around (a subset of) the OpenSSL library.

kerberos (krb5, non-Windows platforms)
    A network authentication protocol designed to provide strong authentication
for client/server applications by using secret-key cryptography.

cryptography
    A Python library which exposes cryptographic recipes and primitives.


Do you accept the license terms? [yes|no]
[no] >>>
Please answer 'yes' or 'no':'
>>> yes
```

图 1-48　Anaconda 授权确认

Anaconda 的默认安装位置是当前计算机 home 目录下的 anaconda3 目录。这里保持默认安装目录，如图 1-49 所示。

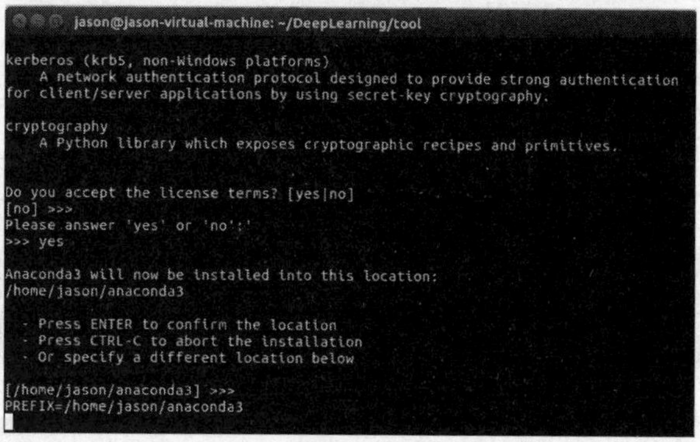

```
jason@jason-virtual-machine: ~/DeepLearning/tool
kerberos (krb5, non-Windows platforms)
    A network authentication protocol designed to provide strong authentication
for client/server applications by using secret-key cryptography.

cryptography
    A Python library which exposes cryptographic recipes and primitives.


Do you accept the license terms? [yes|no]
[no] >>>
Please answer 'yes' or 'no':'
>>> yes

Anaconda3 will now be installed into this location:
/home/jason/anaconda3

  - Press ENTER to confirm the location
  - Press CTRL-C to abort the installation
  - Or specify a different location below

[/home/jason/anaconda3] >>>
PREFIX=/home/jason/anaconda3
```

图 1-49　Anaconda 安装位置确认

输入 yes，确认 Anaconda 的环境变量设置安装，如图 1-50 所示。

```
jason@jason-virtual-machine: ~/DeepLearning/tool
installing: numba-0.39.0-py37h04863e7_0 ...
installing: numexpr-2.6.8-py37hd89afb7_0 ...
installing: pandas-0.23.4-py37h04863e7_0 ...
installing: pytest-arraydiff-0.2-py37h39e3cac_0 ...
installing: pytest-doctestplus-0.1.3-py37_0 ...
installing: pywavelets-1.0.0-py37hdd07704_0 ...
installing: scipy-1.1.0-py37hfa4b5c9_1 ...
installing: bkcharts-0.2-py37_0 ...
installing: dask-0.19.1-py37_0 ...
installing: patsy-0.5.0-py37_0 ...
installing: pytables-3.4.4-py37ha205bf6_0 ...
installing: pytest-astropy-0.4.0-py37_0 ...
installing: scikit-image-0.14.0-py37hf484d3e_1 ...
installing: scikit-learn-0.19.2-py37h4989274_0 ...
installing: astropy-3.0.4-py37h14c3975_0 ...
installing: odo-0.5.1-py37_0 ...
installing: statsmodels-0.9.0-py37h035aef0_0 ...
installing: blaze-0.11.3-py37_0 ...
installing: seaborn-0.9.0-py37_0 ...
installing: anaconda-5.3.1-py37_0 ...
installation finished.
Do you wish the installer to initialize Anaconda3
in your /home/jason/.bashrc ? [yes|no]
[no] >>> yes
```

图 1-50　Anaconda 环境变量设置确认

Anaconda 环境变量最后需要确认是否安装 VSCode 编辑器，由于已经安装了 PyCharm，此处输入 no，表示不安装 VSCode 编辑器，如图 1-51 所示。

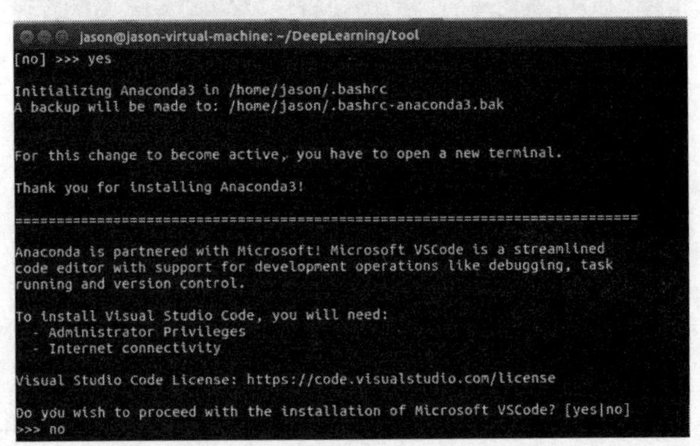

图 1-51　不安装 VSCode 编辑器

（3）创建 Anaconda 环境。

Anaconda 可以创建独立的开发环境，可以对不同版本或不同环境进行隔离。输入如下命令，创建一个名称为 tensorflow 的环境（见图 1-52）。

```
conda create -n tensorflow python=3
```

```
jason@jason-virtual-machine: ~
jason@jason-virtual-machine:~$ conda create -n tensorflow python=3
Solving environment: /
```

图 1-52　创建 Anaconda 环境

输入如下命令，激活 Anaconda 环境（见图 1-53）。

```
conda activate tensorflow
```

```
jason@jason-virtual-machine:~$ conda activate tensorflow
(tensorflow) jason@jason-virtual-machine:~$
```

图 1-53　激活 Anaconda 环境

3. 基于 Anaconda 的 TensorFlow 安装

仍然使用 pip 包管理进行安装（见图 1-54）。除此以外，Anaconda 也支持 conda install 安装方法。

```
(tensorflow) jason@jason-virtual-machine:~$ pip install tensorflow -i https://py
pi.tuna.tsinghua.edu.cn/simple/
Looking in indexes: https://pypi.tuna.tsinghua.edu.cn/simple/
Collecting tensorflow
  Downloading https://pypi.tuna.tsinghua.edu.cn/packages/d4/29/6b4f1e02417c3a1cc
c85380f093556ffd0b35dc354078074c5195c8447f2/tensorflow-1.13.1-cp37-cp37m-manylin
ux1_x86_64.whl (92.6MB)
                                        | 3.8MB 520kB/s eta 0:02:51
```

图 1-54　pip 安装 TensorFlow 软件包

1.4　本章小结

本章主要介绍了深度学习技术的发展历史及开发环境的搭建过程，并比较了当下几款主流的深度学习框架的特点以及应用场景。

在深度学习的发展过程中，美国神经生理学家 Warren McCulloch（沃伦·麦克洛奇）和逻辑学家 Walter Pitts（沃尔特·皮茨）首先提出了神经元模型，促进了神经网络的发展，但在 Maruin Minsky（马文·明斯基）证明了感知器是一种线性模型，不能处理非线性问题之后，深度学习的发展陷入了停滞。但随着 BP 算法的提出，以及数学模型上的论证，使神经网络模型重新进入人们的视野；2012 年 AlexNet 一举获得图像分类比赛的冠军后，在科学界掀起了对神经网络研究的高潮，产生了许多优秀的神经网络模型，使深度学习进入爆发期。

在深度学习应用方面，计算机视觉与自然语言处理是两个重要的应用领域。计算机视觉主要关注图像的分类、目标检测与图像语义分割等方面的研究；而自然语言处理则主要关注语音合成、语音识别、机器翻译、情感翻译等方面，两者都产生了令人瞩目的成就。

放眼全球，诸如 Google、Facebook、Amazon 和 Microsoft 等国际巨头均在深度学习领域着手布局，风云四起。Google 坐拥 TensorFlow，稳固江湖地位；Facebook 携手 Caffe 和 PyTorch，以图三分天下；Amazon 拥抱 MXNet，不甘落于人后。不同的深度学习框架各有千秋。

1.5 本章习题

1. 选择题

（1）提出“人工智能”概念是在（　　）年。

A．1955　　B．1956　　C．1957　　D．1958

（2）提出反向传播算法，解决非线性分类问题，促进人工智能网络再次发展的科学家是（　　）。

A．杰弗里·辛顿　　B．马文·明斯基

C．约翰·麦卡锡　　D．沃尔特·皮茨

（3）深度学习在计算机视觉领域得到了蓬勃发展，以下不属于计算机视觉领域应用的是（　　）。

A．目标检测　　B．图像分类

C．语音合成　　D．图像语义分割

（4）深度学习在自然语言处理领域得到了深度发展，以下不属于在自然语言处理领域应用的是（　　）。

A．语音合成　　B．语音识别

C．机器翻译　　D．图像语义分割

（5）TensorFlow是（　　）公司的产品。

A．Google　　B．Microsoft　　C．Amazon　　D．Facebook

（6）PyTorch是（　　）公司的产品。

A．Google　　B．Microsoft　　C．Amazon　　D．Facebook

（7）Caffe是（　　）公司的产品。

A．Google　　B．Microsoft　　C．Amazon　　D．Facebook

（8）MXNet是（　　）公司的产品。

A．Google　　B．Microsoft　　C．Amazon　　D．Facebook

（9）Anaconda是一款（　　）软件。

A．开源的Python发行版本，包含conda、Python等180多个科学包及其依赖项

B．是一款深度学习开发软件，集成了很多开发包

C．是一款深度学习编译环境，提供了生成的API

D．是一款版本管理平台，提供不同版本代码的管理功能

（10）TensorFlow 第一个版本是在（　　）发布的。

A．2015 年 11 月　　B．2016 年 8 月

C．2014 年 9 月　　D．2017 年 3 月

2. 填空题

（1）人工智能概念提出的年份是__________。

（2）TensorFlow 是__________公司所提出的深度学习开发框架。

（3）Caffe 是__________提出的深度学习开发框架。

（4）TensorFlow 第一个版本的提出时间是__________。

3. 判断题

（1）MXNet 是 FaceBook 公司的深度学习平台。（　　）

（2）PyTorch 是 Amazon 公司的深度学习平台。（　　）

（3）Caffe 发布的时间比 TensorFlow 时间早。（　　）

（4）Anaconda 最主要的作用是科学包及其依赖进行管理。（　　）

（5）TensorFlow 是 Google 开发的深度学习开发平台。（　　）

4. 简答题

（1）简述深度学习的发展历程。

（2）简述深度学习在计算机视觉领域的应用场景。

（3）简述深度学习在自然语言处理领域的应用场景。

（4）简要介绍 TensorFlow 深度学习框架的特点。

（5）简要介绍 Caffe 深度学习框架的特点。

（6）简要介绍 PyTorch 框架特点。

（7）简要介绍 MXNet 框架特点。

（8）试比较 TensorFlow、Caffe、PyTorch、MXNet 的异同点。

（9）简述基于 Anaconda 的 TensorFlow 开发环境的搭建过程。

5. 编程题

下载并安装 PyCharm、Anaconda，整理出安装步骤，写到实验报告册上。

任务2　构建二维数据拟合模型

本章内容

本章将着重阐述 TensorFlow 的运行机制及语法基础。首先介绍 TensorFlow 中计算图与会话的概念，接着阐述其数据模型，并以案例形式展示 TensorFlow 中的常量、变量、占位符、模型保存、恢复的使用方法，最后以二维数据拟合模型为例，讲解深度学习模型的搭建过程。

知识图谱

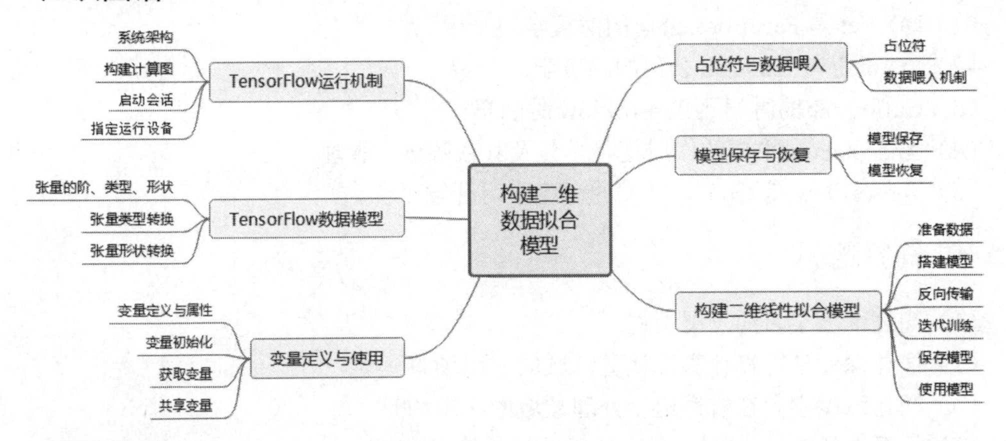

重点难点

重点：掌握 TensorFlow 计算图与会话的运行机制，熟练使用张量，并能对张量进行各种运算与形状转换。

难点：数据的喂入机制与张量形状的变换。

2.1　TensorFlow 运行机制

TensorFlow 是一个基于计算图的深度学习编程模型。其名称表示了它的运行原理，Tensor 表示张量，其实质上是某种类型的多维数组；Flow 表示基于数据流图的计算，实质上是张量在不同节点间的转化过程。

在 TensorFlow 中，计算图中的节点称为 OP（即 operation 的缩写），节点之间的边描述了计算之间的依赖关系。计算过程中，一个节点可获得 0 或多个张量，产生 0 或多个张量。

TensorFlow 程序通常被组织成图的构建阶段和执行阶段。在构建阶段，节点的执行步骤被描述成一个图；在执行阶段，使用会话执行图中的 OP。

2.1.1 TensorFlow 系统架构

TensorFlow 支持各种异构平台，支持多 CPU/GPU、移动设备，具有良好的跨平台的特性；且架构灵活，能支持各种网络模型，具有良好的通用性。系统结构以 C API 为界限，将整个系统分为前端和后端两个子系统（见图 2-1）。前端系统提供编程模型，负责构建计算图，后端系统提供运行时环境，负责在会话中执行计算图。

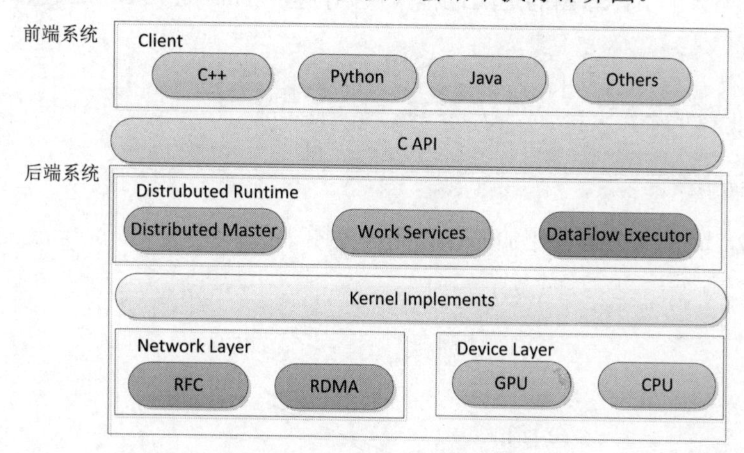

图 2-1　TensorFlow 系统架构

图 2-1 所示组件构成 TensorFlow 系统分布式运行机制的核心，其中每个组件的作用如下。

- Client：是前端系统的主要组成部分。它是一个支持多语言的编程环境，提供了基于计算图的编程模型，方便用户构造各种复杂的计算图，实现各种形式的模型设计。
- Distrubuted Runtime：在分布式的运行时环境中，Distributed Master 根据 Session.run 的 Fetching 参数，从计算图中反向遍历，找到所依赖的最小子图。对于每个任务，TensorFlow 都将启动一个 Worker Service，按照计算图中节点之间的依赖关系，根据当前的可用的硬件环境（CPU / GPU），调用节点的 Kernel 实现完成节点的运算。
- Kernel Implements：大多数 Kernel 基于 Eigen::Tensor 实现。Eigen::Tensor 是一个使用 C++模板技术，为多核 CPU/GPU 生成高效的并发代码，包含 200 多个标准的张量，包括数值计算、多维数组操作、控制流、状态管理等。每一个节点根据设备类型都会存在一个优化了的 Kernel 实现，在运行时，运行时根据本地设备的类型，为节点选择特定的 Kernel 实现，完成该节点的计算。

2.1.2　构建计算图

计算图描述了一组需要依次序完成的计算单元以及这些计算单元之间相互依赖的关系。图中的节点表示某一具体的计算单元，如张量以及张量之间的乘积、点积或卷积计算等。

计算图的构建阶段也称为计算图的定义阶段，该过程会在图模型中定义所需的运算，每次运算的结果以及原始的输入数据都可称为一个节点。

下面的代码给出了计算图的定义过程（代码位置：chapter02/define_graph.py）。

```
1  import tensorflow as tf
2  a = tf.constant([3,5],dtype=tf.int32)
3  b = tf.constant([2,4],dtype=tf.int32)
4  result = tf.add(a,b)
5  print(result)
```

上述代码定义了两个张量相加的计算图（见图 2-2）。

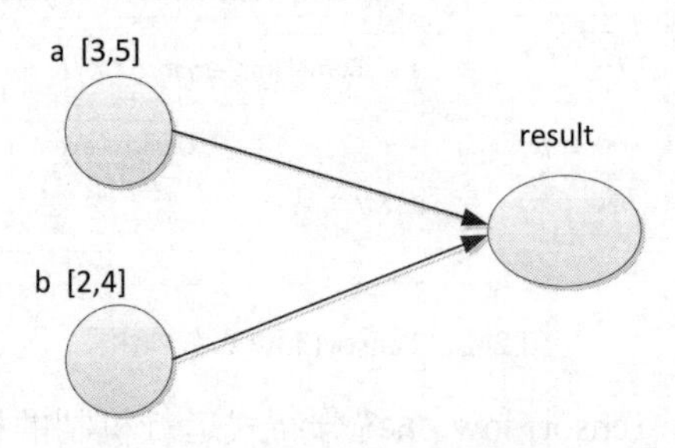

图 2-2　张量相加计算图模型

图 2-2 中，每个节点表示一个运算，每条边代表计算之间的依赖关系。a、b 节点表示两个 1 行 2 列的矩阵，result 节点则依赖于读取 a 和 b 的值，从 a、b 有两条到 result 的边，没有任何计算依赖 result 的结果，result 节点没有指向其他节点的边。

第 1 行代码：导入 tensorflow 类库。后续可使用 tf 代替 tensorflow 作为模块名称，整个程序更加简洁。

第 2 行代码：定义一个整型张量 a，表示 1 行 2 列的矩阵，其值为[3,5]。

第 3 行代码：定义一个整型张量 b，表示 1 行 2 列的矩阵，其值为[2,4]。

第 4 行代码：tf.add() 函数用于对张量 a、b 相加，并将计算结果返回给 result 节点。

第 5 行代码：print(result)函数打印 result 节点的信息。

运行程序，输出结果如下。

```
Tensor("Add:0", shape=(2,), dtype=int32)
```

从运算结果可以看出，上述程序并没有输出矩阵相加的结果，而是输出了一个包含 3 个属性的张量，第 1 个属性表示加法运算，第 2 个属性表示包含 2 个元素的一维数组，第 3 个属性表示数据类型为整型。

需要注意的是，TensorFlow 计算图一般包含两个特殊节点，分别为 Source 节点（也称为 Start 节点）与 Sink 节点（也称为 Finish 节点）。其中，Source 节点表示此节点不依赖于任何其他节点作为输入，Sink 节点表示该节点无任何输出作为其他节点的输入。

2.1.3　在会话中运行计算图

在模型运行环节中，计算图只能在会话提供的上下文环境中启动，并执行相关的运算。会话提供了一定的资源和环境，可以将计算图的节点分发到 CPU 或 GPU 设备上，同时提供执行节点的方法。方法执行后，将产生的张量返回。

在 TensorFlow 中启动会话有两种方法。

（1）明确调用创建会话函数和关闭会话函数，代码格式如下：

```
#创建一个会话
sess =tf.Session()
#使用该会话来运行相关节点，得到运算结果
sess.run(...)
#关闭会话
sess.close()
```

上述代码中，所有计算完成后，需要明确调用 close()函数来关闭会话并释放资源。若程序因为异常退出，就可能无法执行 close()函数，进而导致资源泄露。为了解决异常退出时的资源泄露问题，TensorFlow 中还可以通过上下文管理器来管理会话。

（2）通过上下文管理器来管理会话，代码格式如下：

```
#创建一个会话，并使用上下文管理器管理会话
with tf.Session() as sess:
#使用该会话来运行相关节点，得到运算结果
    sess.run(...)
#不需要调用 close()函数，当上下文退出时会话关闭，资源自动释放
```

下面通过上下文管理器来实现两个张量的相加，代码如下（代码位置：chapter02/perform_graph.py）。

```
1  import tensorflow as tf
2  a = tf.constant([3,5],dtype=tf.int32)
3  b = tf.constant([2,4],dtype=tf.int32)
4  result = tf.add(a,b)
5  print(result)
6  with tf.Session() as sess:
7      print(sess.run(result))
```

第6行代码：创建一个会话，并使用上下文管理器管理会话。

第7行代码：在会话中调用 session.run(result)，执行计算图的 result 节点，即执行加法运算，并获得输出结果[5 9]。

在 TensorFlow 中，系统会自动维护默认的计算图。通过 tf.get_default_graph() 函数可以获得当前默认的计算图，代码如下（代码位置：chapter02/default_graph.py）。

```
1  import tensorflow as tf
2  a=tf.constant([1.0,2.0], name='a')
3  b=tf.constant([1.0,2.0], name='b')
4  result = a+b
5  print(a.graph is tf.get_default_graph())
```

第5行代码：通过 a.graph 查看张量所属的计算图。如果没有特别指定，则查看当前默认的计算图。

除了默认计算图，TensorFlow 支持通过 tf.Graph 函数来生成新的计算图，且不同计算图上的张量和运算不会共享，示例代码如下（代码位置：chapter02/new_graph.py）。

```
1  import tensorflow as tf
2  g1 = tf.Graph()
3  g2 = tf.Graph()
4  with g1.as_default():
5      v = tf.constant([1.0,2.0],name="v",dtype=tf.float32)
6  with g2.as_default():
7      v =tf.constant([3.0,4.0], name="v",dtype=tf.float32)
8  tensor1=g1.get_operation_by_name("v")
9  tensor2=g2.get_operation_by_name("v")
10 print(tensor1)
11 print(tensor2)
```

第2行代码：新建一个计算图 g1。

第3行代码：新建一个计算图 g2。

第4～5行代码：在计算图 g1 中定义张量 v。

第6～7行代码：在计算图 g2 中定义张量 v。

第 8～9 行代码：分别获得两个操作节点。

第 10～11 行代码：分别输出两个计算节点。

运行程序，输出结果如下。

```
name: "v"
op: "Const"
attr {
  key: "dtype"
  value {
    type: DT_FLOAT
  }
}
attr {
  key: "value"
  value {
    tensor {
      dtype: DT_FLOAT
      tensor_shape {
        dim {
          size: 2
        }
      }
      tensor_content: "\000\000\200?\000\000\000@"
    }
  }
}

name: "v"
op: "Const"
attr {
  key: "dtype"
  value {
    type: DT_FLOAT
  }
}
attr {
  key: "value"
  value {
    tensor {
      dtype: DT_FLOAT
      tensor_shape {
```

```
        dim {
          size: 2
        }
      }
      tensor_content: "\000\000@@\000\000\200@"
    }
  }
}
```

2.1.4　指定 GPU 设备

如果下载的 TensorFlow 是 GPU 版本，在程序运行过程中系统会自动检测可以利用的 GPU 来执行操作。

如果计算机上有不止一个 GPU 资源，除第一个之外，其他的 GPU 不参与计算。为了让 TensorFlow 能使用这些 GPU 资源，必须将节点明确地指派给定的 GPU 执行。with…device 语句用来指派给指定的 CPU 或 GPU。

以下代码通过 with…device 语句指定了 TesnorFlow 的运行设备（代码位置：chapter02/with_ device.py）。

```
1  import tensorflow as tf
2  with tf.device('/gpu:1'):
3      v1 = tf.constant([1.0, 2.0, 3.0], shape=[3], name='v1')
4      v2 = tf.constant([4.0, 5.0, 6.0], shape=[3], name='v2')
5      sum = v1 + v2
6  with tf.Session() as sess:
7      print (sess.run(sum))
```

第 2 行代码：指定在第 1 块 GPU 设备上运行。

在 TensorFlow 中，CPU 的名称为“/cpu:0”。如果有多个 CPU，则所有 CPU 都使用“/cpu:0”作为名称。GPU 不同，其名称为“/gpu:n”。n=1，表示第一个 GPU，以此类推。

第 3 行代码：tf.constant() 声明一个名为 v1 的浮点型张量，形状为 1 行 3 列，值是[1.0, 2.0,3.0]。

第 4 行代码：tf.constant() 声明一个名为 v2 的浮点型张量，形状为 1 行 3 列，值是[4.0, 5.0,6.0]。

第 5 行代码：v1 + v2 表示两个向量的加法算术运算，与 tf.add()函数的实现效果一致。

第 6 行代码：建立会话管理器，在会话中打印输出结果。其计算过程为[1.0+4.0, 2.0+5.0, 3.0+6.0]，最终的值为[5.0,7.0,9.0]。

类似地，还可以通过 tf.ConfigProto()来构建 config，在 config 中指定相关的 GPU，并

在会话中传入参数，绑定 GPU 进行操作。

tf.ConfigProto()函数相关参数的含义如表 2-1 所示。

表 2-1　tf.ConfigProto() 相关参数

参 数 名	含 义
allow_soft_placement	如果指定 GPU 不存在，是否允许 TensorFlow 自动分配设备，可选值包括 True 和 False
log_device_placement	是否打印设备分类分配日志，可选值包括 True 和 False
gpu_options.allow_growth	是否允许 GPU 容量按需分配，即开始使用少量 GPU 资源，然后慢慢增加。可选值包括 True 和 False

以下代码演示了如何通过 ConfigProtol 类配置程序的运行设备（代码位置：chapter02/config_ proto.py）。

```
1  import tensorflow as tf
2  os.environ['CUDA_VISIBLE_DEVICES'] = '0,1'
3  config = tf.ConfigProto()
4  config.gpu_options.allow_growth = True
5  config.log_device_placement=True
6  v1 = tf.constant([1.0, 2.0, 3.0], shape=[3], name='v1')
7  v2 = tf.constant([1.0, 2.0, 3.0], shape=[3], name='v2')
8  sum = v1 + v2
9  with tf.Session(config = config) as sess:
10   print (sess.run(sum))
```

第 2 行代码：指定使用第 1、2 块 GPU。

第 3～5 行代码：建立 ConfigProto 对象，运行 GPU 资源按需分配，同时打印设备分类分配日志。

第 6～8 行代码：声明两个张量 v1 和 v2，并求两个张量的和。

第 9 行代码：在会话中传入 config 对象，从而利用 ConfigProto 对象的相关配置。

2.2　TensorFlow 数据模型

2.2.1　张量及属性

张量（Tensor）是 TensorFlow 中最重要的数据结构，用来表示程序中的数据。在计算图节点间传递的数据都是张量。可以把张量看作一个 n 维数组或列表，每个张量都包含类型（dtype）、阶（rank）与形状（shape）。

1. 类型

TensorFlow 吸收了 Python 的原生数据类型，如布尔型，数值型（整数、浮点数）和字符串型。除此之外，TensorFlow 还有一些自有的数据类型。

TensorFlow 中张量的常见数据类型如表 2-2 所示。

表 2-2 张量类型

数 据 类 型	描 述
tf.float32	32 位浮点数
tf.float64	64 位浮点数
tf.int64	64 位有符号整型
tf.int32	32 位有符号整型
tf.int16	16 位有符号整型
tf.int8	8 位有符号整型
tf.uint8	8 位无符号整型
tf.string	可变长度的字节数组，每一个张量元素都是一个字节数组
tf.bool	布尔型
tf.complex64	由两个 32 位浮点数组成的复数：实数和虚数

以下代码定义了不同类型的张量（代码位置：chapter02/tensor_type.py）。

```
1  import tensorflow as tf
2  hello = tf.constant('Hello,world!', dtype=tf.string)
3  boolean = tf.constant(False, dtype=tf.bool)
4  int = tf.constant(100, dtype=tf.int8)
5  uint = tf.constant(100, dtype=tf.uint8)
6  float = tf.constant(100, dtype=tf.float32)
7  with tf.Session() as sess:
8      print(sess.run(hello))
9      print(sess.run(boolean))
10     print(sess.run(int))
11     print(sess.run(uint))
12     print(sess.run(float))
```

第 1 行代码：导入 tensorflow 类库，并简写为 tf。

第 2 行代码：定义张量 tf.string 是字符串类型。

第 3 行代码：定义张量 tf.bool 是布尔类型，如果改为‘false’就会报错，显示更改为字符串类型。

第 4 行代码：定义张量 tf.int8，为 8 位有符号整型张量。

第 5 行代码：定义张量 tf.uint8，为 8 位无符号整型张量。

第 6 行代码，tf.float32 定义 32 位浮点型张量。

第 7～12 行代码：在会话中输出各个张量。

运行程序，输出结果如下。

```
b'Hello,world!'
False
100
100
100.0
```

2. 阶

在 TensorFlow 系统中，张量的维数被描述为阶。注意，张量的阶和矩阵的阶并不是同一个概念，张量的阶是张量维数的数量描述。例如，下面的张量是 2 阶张量。

t = [[1, 2, 3], [4, 5, 6], [7, 8, 9]]

一阶张量可以认为是一个向量，二阶张量可以认为是二维数组，用 t[i, j] 访问其中的元素，三阶张量可以用 t[i, j, k] 访问其中的元素。

常见的张量及对应的阶如表 2-3 所示。

表 2-3　张量的阶

阶	实　例	例　子
0	纯量（只有大小）	a = 1
1	向量（大小和方向）	v = [1, 2, 3]
2	矩阵（二维数组）	m = [[1, 2, 3], [4, 5, 6], [7, 8, 9]]
3	3 阶张量（数据立体）	t = [[[2], [4], [6]], [[8], [10], [12]], [[14], [16], [18]]]
N	*n* 阶	*n* 中的括号数

3. 形状

形状用于描述张量内部的组织关系。简单地讲，就是该张量有几行几列。

下面来定义一个张量，并分别输出张量的类型、形状以及阶，代码如下（代码位置：chapter02/tensor_property.py）。

```
1  import tensorflow as tf
2  c = tf.constant([[3.0, 4.0, 5.0], [6.0, 7.0, 8.0]])
3  print("张量类型：",c.dtype)
```

```
4 print("张量形状: ",c.get_shape())
5 print("张量的阶: ",c.get_shape().ndims)
```

第 2 行代码：定义一个 2 行 3 列的张量，第 1 行的值为[3.0, 4.0, 5.0]，第 2 行的值为[6.0, 7.0, 8.0]。

第 3 行代码：输出张量的数据类型。

第 4 行代码：输出张量的形状，即该张量有几行几列。

第 5 行代码：输出张量的阶。

运行代码，输出结果如下。

```
张量类型: <dtype: 'float32'>
张量形状: (2, 3)
张量的阶: 2
```

2.2.2 类型转换

TensorFlow 程序运行过程中，常常会涉及不同类型张量之间的相互转换。TensorFlow 提供了多种类型转换函数，其语法格式如表 2-4 所示。

表 2-4　TensorFlow 类型转换函数

函　数　名	含　义
tf.string_to_number(string_tensor, out_type=None, name=None)	将字符串转换为数字。 **out_type**：可选 tf.float32、tf.int32，默认为 f.float32
tf.to_double(x, name=None)	将其他类型转换为 double 类型
tf.to_int32(x, name=None)	将其他类型转换为 int32
tf.cast(x, dtype, name=None)	将 x 的值转换为 dtype 指定的类型

下面的代码演示了如何将整型的张量转换为浮点型张量（代码位置：chapter02/tensor_ convert_type.py）。

```
1 import tensorflow as tf
2 float_tensor = tf.cast(tf.constant([1, 2, 3]), dtype=tf.float32)
3 init = tf.global_variables_initializer()
4 with tf.Session() as sess:
5     sess.run(init)
6     print(sess.run(float_tensor))
```

第 1 行代码：导入 tensorflow 类库，并简写为 tf。

第 2 行代码：tf.cast()函数将整型的张量转变为 32 位浮点型的张量。

第 3 行代码：tf.global_variables_initializer() 是一个全局初始化函数，在会话中运行，用来初始化所有的节点。

第 4～5 行代码：创建会话，使用会话管理器管理会话。

第 6 行代码：在会话中输出张量的值，输出结果为[1. 2. 3.]，成功将整型转换为浮点型。

运行代码，输出结果如下。

```
[1. 2. 3.]
```

2.2.3 形状变换

在实际应用过程中，有时需要将张量从一个形状转换为另外一个形状，以满足计算需要。TensorFlow 中，reshape() 函数用来实现张量的形状变换，其语法格式如表 2-5 所示。

表 2-5 reshape()形状变换函数

函　数	说　明
tf.reshape(tensor, shape, name=None)	将张量从一个形状变换为另外一个形状。 **tensor**：待改变形状的 tensor 。 **shape**：必须是 int32 或 int64，决定了输出张量的形状。 **name**：可选，操作名称。 如果形状的一个分量是特殊值-1，则计算该维度的大小，以使总大小保持不变

如下代码演示了如何改变张量的形状（代码位置：chapter02/ reshape_tensor.py）。

```
1  import tensorflow as tf
2  c1 = tf.constant([1, 2, 3, 4, 5, 6, 7, 8, 9,10,11,12], dtype=tf.float32,
   name="c1")
3  c2= tf.reshape(c1,(3,4))
4  c3 =tf.reshape(c1,( 2, -1, 3))
5  with tf.Session() as sess:
6      sess.run(tf.global_variables_initializer())
7      print(sess.run(c1))
8      print(sess.run(c2))
```

第 1 行代码：导入 tensorflow 类库，简写为 tf。

第 2 行代码：定义 c1 是一维张量，共有 12 个元素。

第 3 行代码：将 c1 转换成 3 行 4 列的元素，输出为：

```
[[ 1. 2. 3. 4.]
[ 5. 6. 7. 8.]
[ 9. 10. 11. 12.]]
```

第 4 行代码：将第 2 维度设置为-1，其维度根据第 1、3 维计算得出，输出为：

```
[[1. 2. 3. 4.]
[ 5. 6. 7. 8.]
[ 9. 10. 11. 12.]]
[[[ 1. 2. 3.]
[ 4. 5. 6.]]
[[ 7. 8. 9.]
[10. 11. 12.]]]
```

2.3 变量的定义与使用

2.3.1 变量的定义与初始化

TensorFlow 中，变量（Variable）是一种特殊的张量（Tensor），其值可以是一个任意类型和形状的张量。与其他张量不同，变量存在于单个会话调用的上下文之外，主要作用是保存和更新模型中的参数。

声明变量通常使用 tf.Variable()函数，其语法格式如表 2-6 所示。

表 2-6 tf.Variable()函数

函 数	说 明
tf.Variable(initial_value, trainable=True, collections=None, validate_shape=True, name=None)	主要作用是声明一个变量。 initial_value：必选，指定变量的初始值。所有可转换为张量的类型均可。 trainable：可选，设置是否可以训练，默认为 True。 collections：可选，设置该图变量的类型，默认为 GraphKeys.GLOBAL_VARIABLES。 validate_shape：可选，默认为 True。如果为 False，则不进行类型和维度检查。 name：变量名称。如果未指定，系统会自动分配一个唯一的值

tf.Variable()的主要作用是构造一个变量并添加到计算图模型中。在运行其他操作之前，需要对所有变量进行初始化。最简单的初始化方法是添加一个对所有变量进行初始化的操作，然后在使用模型前运行此操作。最常见的方式是运行 tf.global_variables_initializer()函数进行全局初始化，该函数会初始化计算图中所有的变量。

下面的代码演示了如何在模型中初始化变量（代码位置：chapter02/variables_initializer.py）。

```
1 import tensorflow as tf
2 v = tf.Variable([1,2,3],dtype=tf.int32)
3 init_op = tf.global_variables_initializer()
4 with tf.Session() as sess:
5     sess.run(init_op)
6     print(sess.run(v))
```

第 2 行代码：tf.Variable() 定义了一个 1 行 3 列的整型变量，该变量的初始值为1,2,3。

第 3 行代码：tf.global_variables_initializer() 定义了一个全局初始化操作。

第 5 行代码：在会话中运行 sess.run()，初始化模型中的所有变量。

运行代码，输出结果如下。

```
[1 2 3]
```

2.3.2 随机初始化变量

在声明变量时需要指定初始值，一般使用随机数给 Tensorflow 的变量初始化，常见的初始化方法如表 2-7 所示。

表 2-7　变量的初始化方法

函　数	说　明
tf.random_normal(shape, mean=0.0, stddev=1.0, dtype=tf.float32, seed=None)	产生一个符合正态分布的张量。 **shape**: 必选，生成张量的形状。 **mean**: 可选，正态分布的均值，默认为 0。 **stddev**: 可选，正态分布的标准差，默认为 1.0。 **dtype**: 可选，生成张量的类型，默认为 tf.float32。 **seed**: 可选，随机数种子，是一个整数。当设置之后，每次生成的随机数都一样
tf.truncated_normal(shape, mean=0, stddev=1.0)	产生一个满足正态分布的张量，当如果随机数偏离平均值超过 2 个标准差以上，将会被重新分配一个随机数。 **shape**: 必选，生成张量的形状。 **mean**: 可选，正态分布的均值，默认为 0。 **stddev**: 可选，正态分布的标准差，默认为 1.0
tf.random_uniform(shape, minval=low, maxval=high, dtype=tf.float32)	产生一个满足平均分布的张量。 **shape**: 必选，生成张量的形状。 **mean**: 必选，产生值的最小值。 **stddev**: 必选，产生值的最大值。 **dtype**: 可选，产生值的类型，默认为 float32

下面的代码分别用不同的方式产生变量（代码位置：chapter02/parameter_initializer.py）。

```
1  import tensorflow as tf
2  w1 = tf.Variable(tf.random_normal([2, 3], stddev=1, seed=1))
3  w2= tf.truncated_normal(shape=[2,3], mean=0, stddev=1)
4  w3=tf.random_uniform((2,2), minval=1.0,maxval=2.0, dtype=tf.float32)
5  init_op = tf.global_variables_initializer()
6  with tf.Session() as sess:
7       sess.run(init_op)
8       print("w1:",sess.run(w1))
9       print("w2:",sess.run(w2))
10      print("w3:",sess.run(w3))
```

第1行代码：导入tensorflow类库，并简写为tf。

第2行代码：产生一个符合正态分布的2行3列张量，均值为0，方差为1，随机种子为1。

第3行代码：产生一个截断的2行3列张量，均值为0，方差为1。

第4行代码：产生一个符合均匀分布的2行2列张量，最小值为1.0，最大值为2.0。

第7行代码：在会话中初始化计算图中的所有变量。

第8～10行代码：在会话中输出各个参数的值。

运行程序，输出结果如下。

```
w1: [[-0.8113182   1.4845988   0.06532937]
 [-2.4427042   0.0992484   0.5912243 ]]
w2: [[-0.0075413  -0.6601458   0.01212148]
 [-0.49024445  1.4596753  -0.27039385]]
w3: [[1.9456019 1.7730622]
 [1.1844541 1.1060741]]
```

2.3.3 获取变量

除了可使用tf.Variable()创建变量之外，还可以使用tf.get_variable()函数创建或获取变量。tf. get_variable()函数用于创建变量时，它和tf.Variable()的功能是等价的。

以下代码给出了通过两个函数创建变量的实例。

```
m = tf.Variable(tf.constant(1.0,shape=[1],name="m"))
n = tf.get_variable(shape=[1],name="n",initializer=tf.constant_initializer[1])
```

可以看出，tf.Variable()和 tf.get_variable()创建变量的过程是一样的。两者的最大区别在于指定变量名称的参数不同。tf.Variable()函数中，变量名称是可选参数；tf.get_variable()函数中，变量名是必选参数，当变量名存在时，将直接获取变量。

tf.get_variable()函数的语法格式如表 2-8 所示。

表 2-8 tf.get_variable()函数

函 数	说 明
tf.get_variable(	用来初始化或获取变量。
name,	**name**：变量的名称，必填。
shape,	**shape**：变量的形状，必填。
initializer)	**initializer**：变量初始化的方法，选填

tf.get_variable()函数拥有一个变量检查机制，会检测已经存在的变量是否设置为共享变量。如果未设置为共享变量，TensorFlow 运行到第 2 个拥有相同名字变量的时候，就会抛出异常错误。

下面的代码描述了该种错误类型（代码位置：chapter02/ get_variable.py）。

```
1  import tensorflow as tf
2  a1= tf.get_variable(name='a', initializer=2)
3  a2 = tf.get_variable(name='a', initializer=2)
4  init_op = tf.global_variables_initializer()
5  with tf.Session() as sess:
6      sess.run(init_op)
7      print(sess.run(a1))
8      print(sess.run(a1))
```

第 2 行代码：定义了节点名称为 a 的变量 a1。

第 3 行代码：定义了节点名称为 a 的变量 a2。

运行程序，系统将发生崩溃，这表明 tf.get_variable()只能定义一次指定的变量名称，当第 3 行代码再将变量命名为 a 时，由于有同名的变量，因此程序发生了崩溃。

2.3.4 共享变量

tf.variable_scope()函数用来指定变量的作用域。不同作用域中的变量可以有相同的命名，包括使用 tf.get_variable()函数得到的变量以及 tf.Variable()函数创建的变量。

tf.get_variable() 常常会配合 tf.variable_scope() 一起使用，以实现变量共享。tf.variable_scope()函数会生成上下文管理器，并指定变量的作用域。

tf.variable_scope()里面还有一个 reuse=True 属性，表示使用已经定义过的变量，这时tf.get_variable()不会创建新的变量，而是直接获取已经创建的变量。如果变量不存在，则会报错。

下面的代码使用了变量共享的功能（代码位置：chapter02/ variable_scope_reuse.py）。

```
1  import tensorflow as tf
2  with tf.variable_scope('V1'):
3      a1 = tf.get_variable(name='a1', shape=[1], initializer=tf.constant_
   initializer(1))
4  with tf.variable_scope('V2'):
5      a2 = tf.get_variable(name='a1', shape=[1], initializer=tf.constant_
   initializer(1))
6  with tf.variable_scope('V2',reuse=True) :
7      a3 = tf.get_variable('a1')
8  with tf.Session() as sess:
9      sess.run(tf.global_variables_initializer())
10     print(a1.name)
11     print(a2.name)
12     print(a3.name)
```

第 2～3 行代码：在 V1 变量空间中定义变量 a1。

第 4～5 行代码：在 V2 变量空间中定义变量 a1。由于两个 a1 位于不同的变量空间，所以不会产生冲突。

第 6～7 行代码：重用 V2 命名空间的 a1 变量。调用 tf.get_variable()时，会获取 V2 命名空间的 a1 变量的值。

运行代码，输出结果如下。

```
V1/a1:0
V2/a1:0
V2/a1:0
```

2.4 占位符与数据喂入机制

2.4.1 占位符定义

placeholder 是 TensorFlow 提供的占位符节点，由 tf.placeholder()函数创建，其实质上也是一种变量。占位符没有初始值，只会分配必要的内存，其值由会话中用户调用的run()函数传递。占位符声明的方法如表 2-9 所示。

表 2-9 tf.placeholder()占位符形式

函　数	说　明
tf.placeholder(dtype, shape=None, name=None)	创建一个指定形状的占位符节点。 **dtype**：数据类型，必选，默认为 value 的数据类型。 **shape**：数据形状，必选，默认为 None，即一维值。也可以是多维，如[2,3], [None, 3]表示列为 3，行不定。 **name**：占位符名，可选，默认值不重复

2.4.2 数据喂入

TensorFlow 的数据供给机制允许在 TensorFlow 计算图中将数据注入任意张量中，然而却需要设置 placeholder 节点，通过 run()函数输入 feed_dict 参数，可以启动运算过程。

placeholder 节点被声明的时候是未被初始化的，也不包含任何数据，如果没有为它供给数据，则 TensorFlow 计算图运算的时候会产生错误。以下代码演示了如何向模型中喂入数据（代码位置：chapter02/feed_data.py）。

```
1  import tensorflow as tf
2  a = tf.placeholder(dtype=tf.int16)
3  b = tf.placeholder(dtype=tf.int16)
4  add = tf.add(a, b)          #a 与 b 相加
5  mul = tf.multiply(a, b)     #a 与 b 相乘
6  with tf.Session() as sess:
7       print ("相加: %i" % sess.run(add, feed_dict={a: 3, b: 4}))
8       print ("相乘: %i" % sess.run(mul, feed_dict={a: 3, b: 4}))
```

第 1 行代码：导入 tensorflow 类库，简写为 tf。

第 2～3 行代码：定义 a 和 b 两个整型占位符节点。

第 4～5 行代码：定义将 a 与 b 两个节点相加与相乘的运算节点。

第 7～8 行代码：在 session.run 中分别向相加、相乘运算喂入数据，并输出运算结果。

运行代码，运算结果如下。

```
相加: 7
相乘: 12
```

2.5 模型的保存与恢复

2.5.1 模型保存

训练完 TensorFlow 模型之后，可将其保存为文件，以便于预测新数据时直接加载使用。TensorFlow 模型主要包含网络的设计或者图以及已经训练好的网络参数的值。

TensorFlow 提供的 tf.train.Saver()函数可以建立一个 saver 对象，在会话中调用其save()函数，即可将模型保存起来。代码如下。

```
import tensorflow as tf
saver = tf.train.Saver()
with tf.Session() as sess:
    sess.run(tf.global_variables_initializer())
    #将数据送入模型进行训练
    #训练完成后，使用 save()函数保存
    saver.save(sess,"savePath/filename")
```

save()函数的语法格式如表 2-10 所示。

表 2-10 save()函数

函　　数	说　　明
save(sess, save_path, global_step=None, latest_filename=None, meta_graph_suffix='meta', write_meta_graph=True, write_state=True)	**sess**：保存模型，要求必须有一个加载了计算图的会话，且所有变量已被初始化。 **save_path**：模型保存路径及保存名称。 **global_step**：如果提供，该数字会添加到 save_path 后，用于区分不同训练阶段的结果。 **latest_filename**：检查点文件的名字，默认是 checkpoint。 **meta_graph_suffix**：MetaGraphDef 元图后缀，默认为 meta。 **write_meta_graph**：是否要保存元图数据，默认为 True。 **write_state**：是否要保存 CheckpointStateProto，默认为 True

下面的程序展示了如何将两个张量的计算模型保存到本地计算机中（代码位置：chapter02/save_model.py）。

```
1  import tensorflow as tf
2  m1 = tf.Variable(tf.constant(4.0, shape=[1]), name="m1")
3  m2 = tf.Variable(tf.constant(5.0, shape=[1]), name="m2")
4  result = m1 + m2
5  saver = tf.train.Saver()
6  with tf.Session() as sess:
7      sess.run(tf.global_variables_initializer())
8      saver.save(sess, "model/model.ckpt")
```

运行程序，当前目录的 model 文件夹下会产生 4 个文件：checkpoint、data-00000-of-00001、meta 和 index。下面介绍这 4 个文件分别保存的信息。

- checkpoint：保存模型的权重（weights）、偏置（biases）、梯度（gradients）以及

其他保存变量（variables）的二进制文件。

- data：保存模型的所有变量的值。
- meta：保存计算图的结构。当 meta 文件存在时，不在程序中定义模型，直接加载 meta 可以直接运行。
- index：保存 string-string 的键值对。其中的 key 值为张量名，value 为 BundleEntryProto。

2.5.2　模型恢复

模型保存好以后，载入非常方便。在会话中调用 saver 的 restore()函数，就会从指定的路径找到模型文件，并覆盖相关参数。saver.restore()函数的形式如表 2-11 所示。

表 2-11　模型恢复函数

函　数	说　明
saver.restore(sess, save_path)	从指定的路径恢复模型。 **sess**：用以恢复参数模型的会话。 **save_path**：已保存模型的路径，通常包含模型名字

加载模型时，需要定义 TensorFlow 计算图上的所有运算，但不需要进行变量的初始化，因为变量的值可以通过已经保存的模型加载进来。下面的代码演示了如何加载训练好的模型（代码位置：chapter02/restore.model.py）。

```
1  import tensorflow as tf
2  m1 = tf.Variable(tf.constant(7.0, shape=[1]), name="m1")
3  m2 = tf.Variable(tf.constant(8.0, shape=[1]), name="m2")
4  result = m1 + m2
5  saver = tf.train.Saver()
6  with tf.Session() as sess:
7      saver.restore(sess, "model/model.ckpt")
8      print(sess.run(result))
```

第 7 行代码：通过 saver.restore()将模型恢复到当前会话中。

第 8 行代码：输出模型的值。该值为 7，而不是 15。

有些时候，不希望重复定义图上的运算，也可以直接加载已经持久化的图，代码如下（代码位置：chapter02/restore.graph.py）。

```
1  import tensorflow as tf
2  saver=tf.train.import_meta_graph("model/model.ckpt.meta")
3  with tf.Session() as sess:
```

```
4        saver.restore(sess,'model/model.ckpt')
5        # 通过张量的名称来获取张量
6        print(sess.run(tf.get_default_graph().get_tensor_by_name('add:0')))
```

第 2 行代码：通过 tf.train.import_meta_graph()函数，直接加载持久化的图。

第 4 行代码：saver.restore()函数在当前会话中还原模型。

第 6 行代码：在会话中运行节点名称为 add 的张量，并输出计算图运算的结果。

运行代码，输出结果如下。

```
m1 [4.]
m2 [5.]
result [9.]
```

2.6 构建二维数据拟合模型

假设有一组数据集，满足对应关系 $y \approx 2x$。要求训练一个模型，输入 x，输出对应的 y。

2.6.1 准备数据

本例要求从-1 到 1 产生 100 个随机数据，代码如下（代码位置：chapter02/linear_model.py）。

```
1  import tensorflow as tf
2  import numpy as np
3  import matplotlib.pyplot as plt
4  # (1)数据准备
5  x = np.linspace(-1, 1, 100)
6  y_ = 1 × x + np.random.randn(×x.shape) × 0.3
7  plt.plot(x, y_, 'ro', label='原始数据')
8  plt.show()
```

第 1～3 行代码：导入程序运行所需要的 tensorflow、numpy、matplotlib 库。

第 4 行代码：np.linspace(start, stop, num=50, endpoint=True, retstep=False, dtype=None)，该函数的功能是在指定范围内按照固定的间隔生成数字。该代码在(-1,1)范围内产生 100 个数据。

第 5 行代码：np.random.randn()函数，生成随机的标准正态分布的数值。*是自动解包。

第 6～7 行代码：将产生的数据显示出来。

运行代码，程序结果如图 2-3 所示。

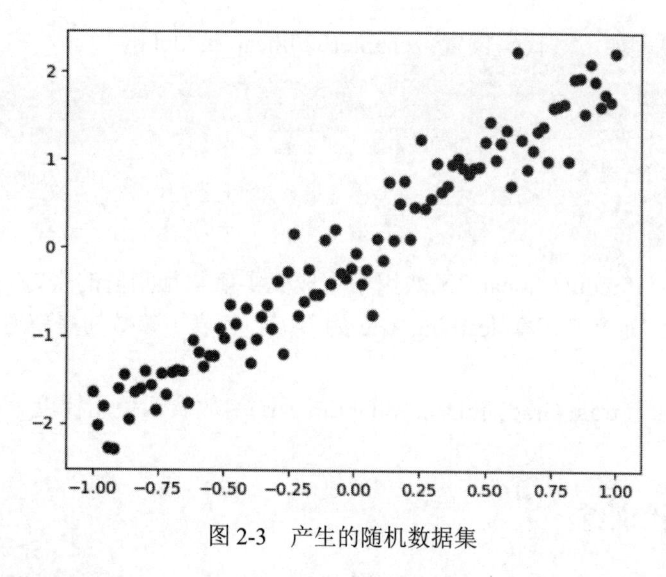

图 2-3　产生的随机数据集

2.6.2　搭建模型

模型的搭建过程实际上就是正向传播的过程，对应每一个输入，通过计算获得一个输出，其模型搭建过程代码如下（代码位置：chapter02/linear_model.py）。

```
   #(2)搭建模型
8  x=tf.placeholder(dtype=tf.float32)
9  y=tf.placeholder(dtype=tf.float32)
10 w=tf.Variable(tf.random_normal([1]),name='weight')
11 b=tf.Variable(tf.zeros([1]),name='bias')
12 z=tf.multiply(x,w)+b
```

第 8～9 行代码：x 和 y 代表占位符，使用 tf.placeholder()定义，一个代表 x 的输入，一个代表 y 的输出。

第 10～11 行代码：w 和 b 分别代表参数，w 被初始化为[-1,1]之间的参数，b 被初始化为全 0 的参数。

第 12 行代码：tf.multiply()函数的功能是两个变量相乘，再加上 b，就得到 z 的值。

2.6.3　反向传播

在模型训练过程中，得到 z 的值之后，该值与真实的 y 有差距，需要反向过程调整 w 和 b 的值，然后再次与真实的 y 比较，不断进行下去，直到将参数 w 和 b 的参数调整为合适的值为止。

反向传播的过程如下（代码位置：chapter02/linear_model.py）。

```
   #(3)反向传播
13 cost=tf.reduce_mean(tf.square(y-z))
14 learning_rate=0.05
15 optimizer=tf.train.GradientDescentOptimizer(learning_rate).minimize
   (cost)
```

第 13 行代码：tf.reduce_mean()函数用于生成真实值与预测值的平方差。

第 14 行代码：定义学习率 learning_rate 为 0.05，代表了参数的更新速度，这个值一般要小于 1。

第 15 行代码：tf.train.GradientDescentOptimizer()函数表示使用梯度下降法，最小化损失函数。

2.6.4 迭代训练

建立好模型后，就可以通过迭代来训练模型，TensorFlow 中的训练过程是通过会话来进行的。下面的代码首先进行全局化，然后设置训练迭代次数，启动会话进行训练，训练完成后保存模型（代码位置：chapter02/linear_model.py）。

```
   #(4)迭代训练
16 init_op=tf.global_variables_initializer()
17 training_epochs=100
18 display_step=10
19 saver = tf.train.Saver()
20 with tf.Session() as sess:
21     sess.run(init_op)
22     for epoch in range(training_epochs):
23         for (x_data,y_data) in zip(train_x,train_y):
24             sess.run(optimizer,feed_dict={x:x_data,y:y_data}
25             if epoch % display_step == 0:
26                 loss=sess.run(cost,feed_dict={x:x_data,y:y_data})
27                 print('Epoch:',epoch+1,'cost:',loss,'w:',sess.run(w),
   'b:',sess.run(b))
28         saver.save(sess,save_path="linear/linear.ckpt")
```

第 17 行代码：设置整个模型训练的轮数。

第 18 行代码：指定每 10 轮显示一次训练结果。

第 19 行代码：建立一个 saver 对象，用于保存模型。

第 22 行代码：for epoch in range()实现循环 100 轮。

第 23 行代码：从训练集中取出训练数据 x 和 y。

第 24 行代码：将训练数据 x 和 y 喂入神经网络。

第 25～27 行代码：迭代训练模型，每隔 10 轮打印一次 w 和 b 的值。

第 28 行代码：训练完成后，通过 saver.save 保存模型。

运行代码，其程序每轮训练的损失函数以及权重变化如下。

```
Epoch: 1 cost: 0.005744565 w: [0.5203005] b: [1.3085341]
Epoch: 11 cost: 0.0045678923 w: [1.9802843] b: [-0.00807061]
Epoch: 21 cost: 0.0045678923 w: [1.9802843] b: [-0.00807061]
Epoch: 31 cost: 0.0045678923 w: [1.9802843] b: [-0.00807061]
Epoch: 41 cost: 0.0045678923 w: [1.9802843] b: [-0.00807061]
Epoch: 51 cost: 0.0045678923 w: [1.9802843] b: [-0.00807061]
Epoch: 61 cost: 0.0045678923 w: [1.9802843] b: [-0.00807061]
Epoch: 71 cost: 0.0045678923 w: [1.9802843] b: [-0.00807061]
Epoch: 81 cost: 0.0045678923 w: [1.9802843] b: [-0.00807061]
Epoch: 91 cost: 0.0045678923 w: [1.9802843] b: [-0.00807061]
```

2.6.5　使用模型

模型训练完成并保存之后，就可以使用模型进行预测了，代码如下（代码位置：chapter02/ linear_model.py）。

```
   #(5)使用模型
29 with tf.Session() as sess:
30     saver.restore(sess, "linear/linear.ckpt")
31     print("模型的预测值为:",sess.run(z,feed_dict={x:0.6}))
```

第 30 行代码，通过 saver.restore()将训练好的模型加载到当前会话中。

第 31 行代码：通过向模型中喂入数据进行预测。

运行代码，输出结果如下。

```
模型的预测值为: [1.1801001]
```

2.7　本 章 小 结

TensorFlow 是一个基于计算图的深度学习编程模型，它的名字来源于本身的运行原理，Tensor 表示张量，其实质上是某种类型的多维数组，Flow 表示基于数据流图的计算。搭建基于 TensorFlow 的深度学习模型分为两个阶段：图的构建阶段和执行阶段。

图的构建阶段也称为图的定义阶段，该过程会在图模型中定义所需的运算，每次运算的结果以及原始的输入数据都可称为一个节点。图的执行阶段是在会话中进行的，在会话中执行相关计算图中的节点，从而产生运算结果。

所有常量、变量、占位符都可以称为张量，每个张量都包含类型、阶和形状 3 个概念，在程序运行过程中，张量往往需要转换成另外一种形状或类型的张量，TensorFlow 提供了形状和类型转换的相关函数。

模型训练完成后，可以将模型文件保存在本地文件中，TensorFlow 提供了模型的保存和恢复操作，方便计算场景的迁移。

2.8 本章习题

1. 选择题

（1）TensorFlow 是一个基于（　　）的编程模型。

A．编辑和解释程序　　B．面向过程
C．计算图　　D．面向对象

（2）TensorFlow 程序分为计算图构建阶段和执行阶段，第 1 阶段的主要任务是（　　）。

A．构建模型的计算节点　　B．定义数据模型
C．定义会话　　D．定义程序输入/输出

（3）运行 session.run(op)的含义是（　　）。

A．运行该行代码　　B．建立会话
C．在会话中运行计算图中名为 op 的节点　　D．以上说法都不对

（4）（　　）输出张量的类型（　　）。

A．dtype　　B．cdtype　　C．ndims　　D．以上都不是

（5）已知张量[[1, 2, 3],[4, 5, 6], [7, 8, 9]]，该张量的阶为（　　）。

A．1　　B．2　　C．3　　D．4

（6）tf.get_variable(shape=[1],name="m",initializer=tf.constant_initializer[1]) 关于上述代码，下面说法中正确的是（　　）。

A．创建一个名为 m 的变量，该变量的形状为一个元素，初始值为 0
B．创建一个名为 m 的变量，如果变量不存在则创建一个，如果存在则直接使用
C．获得一个名为 m 的变量
D．用值 1 初始化变量 m

（7）以下（　　）函数可以产生符合平均分布的变量。

A．tf.random_normal()　　B．tf.truncated_normal()

C．tf.random_uniform()　　D．tf.zeros_initializer()

（8）以下（　　）函数可以产生符合正太分布的变量。

A．tf.random_normal()　　B．tf.truncated_normal()

C．tf.random_uniform()　　D．tf.zeros_initializer()

（9）tf.get_variable 的（　　）机制会检测已经存在的变量是否设置为共享变量，如果遇到第 2 个拥有相同名字的变量的时候就会报错。

A．变量检测机制　　B．共享机制

C．变量获取机制　　D．以上都不对

（10）将数据喂入神经网络的关键字是（　　）。

A．feed　　B．fetch

C．feed_dict　　D．fetch_dict

2. 填空题

（1）在 TensorFlow 中，程序的执行分为两个阶段，分别是________________和__________。

（2）TensorFlow 是一个基于____________的编程模型。

（3）有张量 m=[[1, 2, 3], [4, 5, 6], [7, 8, 9]]，则该张量的维数是______________。

（4）声明一个张量 b = tf.constant([1,2,3],[4,5,6],dtype=tf.int32), 则该张量的形状为__________。

（5）声明张量 a=tf.constant([[[1,2,3]]],dtype=tf.float32),则该张量的阶是_________。

（6）在 TensorFlow 中实现模型保存的函数是__________。

（7）获得计算图中的节点的函数是___________。

3. 判断题

（1）TensorFlow 的 Tensor 表示张量，而 Flow 表示张量在不同及节点之间的流动。（　　）

（2）计算图只有在会话提供的环境中才能运行，分配计算资源。（　　）

（3）在 TensorFlow 中，若声明字符串类型，可以直接使用 tf.string。（　　）

（4）在 TensorFlow 中，reshape()可以实现张量不同形状的变换。（　　）

（5）tf.zeros_initializer()用来初始化全 0 的张量。（　　）

（6）在 TensorFlow 中，tf.name_scope()主要实现共享变量的目的。（　　）

4. 简答题

（1）简述 TensorFlow 模型的运行机制。

（2）简述张量在模型运行中的作用。

（3）常量、变量和占位符之间有什么区别与联系？

（4）数据喂入机制的作用是什么？

（5）如何保存与恢复模型？

5. 编程题

（1）已知两个张量 [1,3,5,7] 和 [2,4,4,8]，编写一个模型，计算两个张量的加法，并输出结果。

（2）已知张量 [1,2,3,4,5,6,7,8,9,10,11,12] 有 12 个元素，利用 tf.reshape()将其形状转换为 [2,3,2] 的三维张量。

（3）已知 $y \approx x^3$，编写一个模型，拟合该函数。

任务 3　构建泰坦尼克号生还率模型

本章内容

本章首先将介绍神经元 M-P 的结构、原理及其应用，然后应用神经元构成 BP 神经网络，通过实例构建 BP 网络模型。整个过程中将穿插激活函数、损失函数、学习率以及反向传播的概念原理，并阐述各种类型的梯度下降算法及 TensorFlow 中常用的梯度下降算法。最后将实现泰坦尼克号生还率模型。

知识图谱

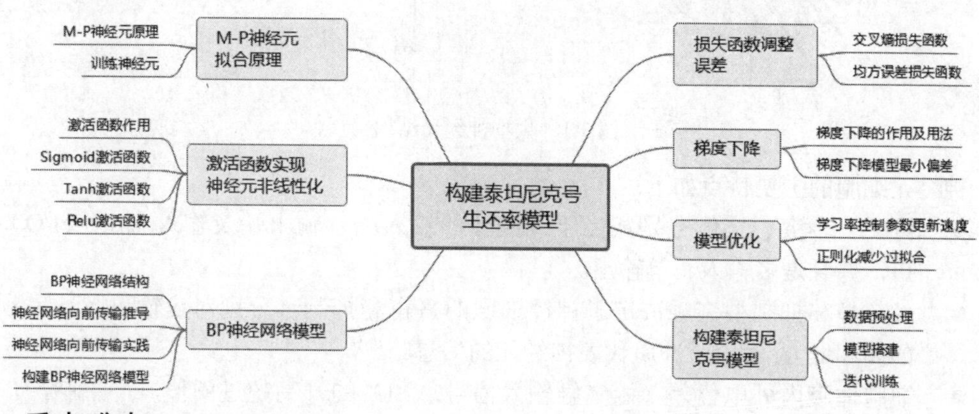

重点难点

重点：学会利用 TensorFlow 构建 BP 神经网络，能熟练使用激活函数与损失函数实现神经网络的优化。

难点：交叉熵、梯度下降法以及常用模型的优化方法。

3.1　M-P 神经元拟合原理

3.1.1　M–P 神经元模型

人的大脑约由 10^{12} 个神经元组成，每个神经元又与 10^2～10^4 个其他神经元相连接，构成一个庞大而复杂的神经元网络。神经元是大脑处理信息的基本单元，以细胞体为主体，由许多向周围延伸的不规则树枝状纤维构成神经细胞，其形状类似一棵枯树的枝干。生物神经元主要由细胞体、树突、轴突、突触（Synapse，又称神经腱）等组成，如图 3-1 所示。

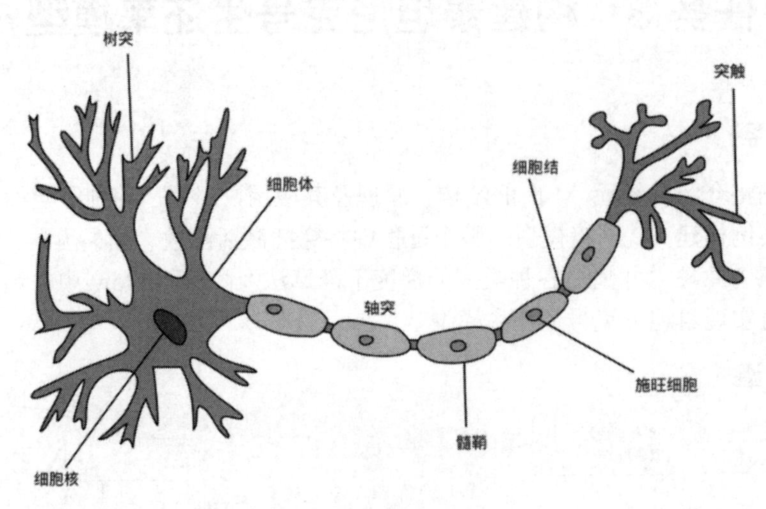

图 3-1　生物神经元结构

神经元细胞的主要特点如下：

- 树突、轴突、突触分别相当于细胞体的输入端、输出端及输入/输出（I/O）接口，并且是多输入、单输出。
- 兴奋型和抑制型突触决定了神经细胞的兴奋和抑制（分别对应输出脉冲串频率的高和低），其中脉冲串代表神经元的信息。
- 细胞体膜内外电位差（由突触输入信号总和）的升高超过阈值，产生脉冲，神经细胞进入兴奋状态。
- 突触延迟使输入与输出间有固定时滞。

从图 3-1 中可以看出，生物神经元具有如下结构：

- 每个神经元都是一个多输入、单输出的信息处理单元。
- 神经元输入分兴奋性输入和抑制性输入两种类型。
- 神经元具有空间整合特性和阈值特性（分为兴奋和抑制，超过阈值为兴奋，低于阈值为抑制）。
- 神经元输入与输出间有固定的时滞，主要取决于突触延搁。

单层感知网络（M-P 模型）作为最初的神经网络，具有模型清晰、结构简单、计算量小等优点。所谓 M-P 模型，其实是按照生物神经元的结构和工作原理构造出来的一个抽象和简化了的模型，实际上是对单个神经元的一种建模。

神经元是神经网络中最基本的结构，也是构成神经网络的基本单元。1943 年，心理学家 McCulloch 和数学家 Pitts 参考生物神经元的结构，发表了抽象的神经元模型 M-P。神经元是根据生物研究及大脑的响应机制进行建立的拓扑结构网络，可模拟神经冲突的过程，多个树突的末端接受外部信号，并传输给神经元处理融合，最后通过突触将神经传给其他神经元或者效应器。神经元模型的拓扑结构如图 3-2 所示。

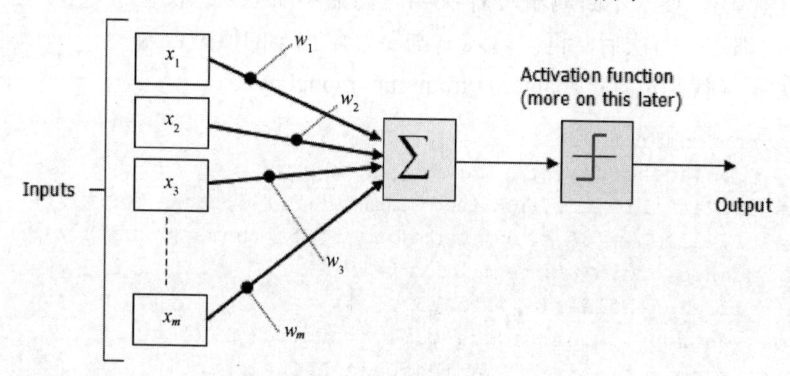

图 3-2　神经元模型

从 M-P 神经元模型可以看出，神经元的公式为：

$$y=f\left(\sum_{i=1}^{n} w_i x_i-\theta\right)$$

对于神经元，x_1，x_2，…，x_m 为神经元的输入，通常为对系统模型有关键影响的自变量；w_1，w_2，…，w_m 为连接权值，用于调节各个输入量的占重比。将信号结合并输入神经元有多种方式，选取最便捷的线性加权求和，可得到神经元的输出（激活函数前）。

函数 f 被称为激活函数，可以用一个阶跃方程表示，大于阈值被激活，否则被抑制。但这样处理有点过于粗暴，因为阶跃函数不光滑，不连续，也不可导。

使用 Sigmoid 函数可以有效地解决以上问题，其函数曲线如图 3-3 所示。

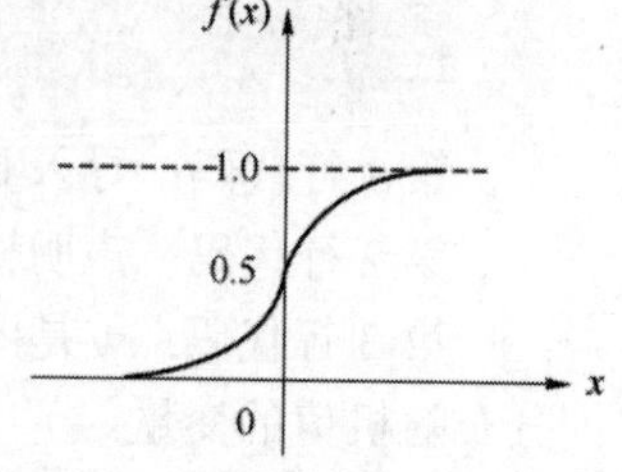

图 3-3　Sigmoid 激活函数

Sigmoid 函数有两个特点非常符合生物学里的神经激活。

- 单调递增：输入的信号越大，激活后输出的信号越大。
- 值域是(0, 1)：相当于把定义域 (−∞, +∞) 映射到 (0, 1) 信号，毕竟激活函数的作用就是把范围较广的数限定到 0~1 信号中，再往下传递。

其中，函数的输入是加权和值，进行激活函数后成为神经元的输出。使用 Sigmoid 函数模拟神经元之间的传递，可将范围很大的数限定到 0～1，作为信号往后传递。因此，常用 Sigmoid 函数来表示函数 f。

3.1.2 训练神经元

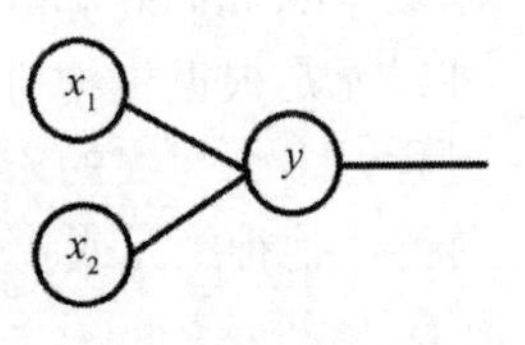

图 3-4 模型神经元结构

一个含有两个输入的神经元（见图 3-4），指定输入 $x_1=x_2=1$，期望 y 能输出 0.3。要求不断地输入 $x_1=x_2=1$，然后不断地训练权重 w 与偏置 b。训练一万次后，再次输入 x_1 与 x_2，输出 y 的值是否为 0.3。代码如下（代码位置：chapter03/train_mp_model.py）。

```
1  import tensorflow as tf
2  x = tf.placeholder(tf.float32,[1,2])
3  w = tf.Variable(tf.truncated_normal([2,1]),name="weight")
4  b = tf.Variable(tf.truncated_normal([1]),name="bias")
5  y= tf.nn.sigmoid(tf.matmul(x,w)+b)
6  y_ = tf.placeholder(tf.float32,[1])
7  cross_entropy = -tf.reduce_sum(y_×tf.log(y)+(1-y_)×tf.log(1-y))
8  train_step = tf.train.GradientDescentOptimizer(0.01).
   minimize(cross_entropy)
9  init = tf.global_variables_initializer()
10 with tf.Session() as sess:
11     sess.run(init)
12     for line in range(10000):
13         sess.run(train_step, feed_dict={x: [[1,1]], y_: [0.3]})
14         if line%2000==0:
15             print(sess.run(y, feed_dict={x: [[1, 1]]}))
```

第 1 行代码：导入 tensorflow 库，并重新命名为 tf。

第 2 行代码：声明输入 x 的占位符，矩阵大小为 1 行 2 列。

第 3 行代码：w 是图中权重的变量，是一个 2 行 1 列的矩阵。矩阵的初值为符合正态分布随机值的变量。

第 4 行代码：b 计算偏置值，初值为符合正态分布随机值的变量。

第 5 行代码：将加权值加上偏置值传入 Sigmoid 激活函数中。

第 6 行代码：实际的 y 值，此处仅定义占位。在运算过程中进行赋值。

第 7 行代码：计算实际值与通过 w 与 b 计算出的 y 值做误差计算。

第 8 行代码：通过误差使用梯度下降更新 w 与 b 值。

第 9 行代码：初始化所有变量的值。

第 10～13 行代码：在会话中运行程序，计算出 w 与 b 值。

第 14～15 行代码：将 x1 与 x2 代入经过训练的模型中，并打印出 y，可与原 y 值进行比较。

运行代码，输出结果如下。

```
[[0.5546885]]
[[0.30000296]]
[[0.30000296]]
[[0.30000296]]
[[0.30000296]]
```

从程序输出结果可以看出，经过 2000 轮训练后，可以达到比较优的值。

3.2　激活函数实现神经元非线性化

3.2.1　激活函数的作用

在神经网络中，激活函数的作用是加入一些非线性因素，使神经网络可以解决较为复杂的问题。

最简单的情况下，数据是线性可分的，只需要一条直线就能够对样本进行很好的分类，如图 3-5 所示。

实际情况下，数据集要复杂得多。如果数据是线性不可分的，那么一条简单的直线将无法对样本进行很好的分类，如图 3-6 所示。

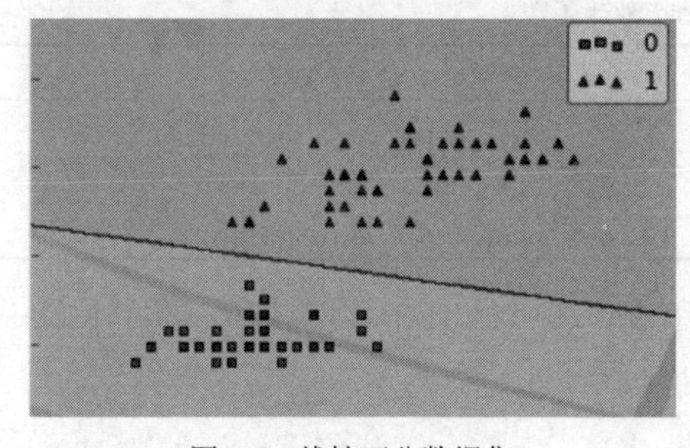

图 3-5　线性可分数据集

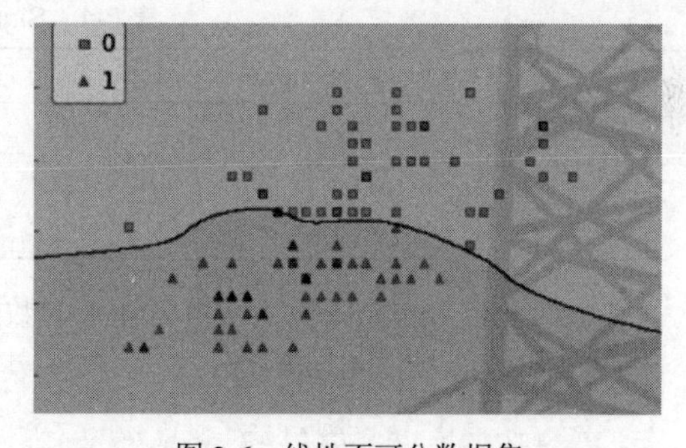

图 3-6　线性不可分数据集

解决方法是引入非线性的因素，对样本进行分类。在神经网络中也类似，通过激活函数可以引入一些非线性因素，来更好地解决复杂的问题。

3.2.2　Sigmoid 激活函数

Sigmoid 函数曾被广泛地应用，但由于其自身的一些缺陷，现在很少被使用了。Sigmoid 函数被定义为：

$$p(y)=\text{sigmoid}(y)=\frac{1}{1+e^{-y}}$$

Sigmoid 函数曲线如图 3-7 所示，其中 x 可以是从正无穷到负无穷，但是对应 y 却只有 0～1 的范围，所以经过 Sigmoid 函数的输出值会落到 0～1 的区间里。

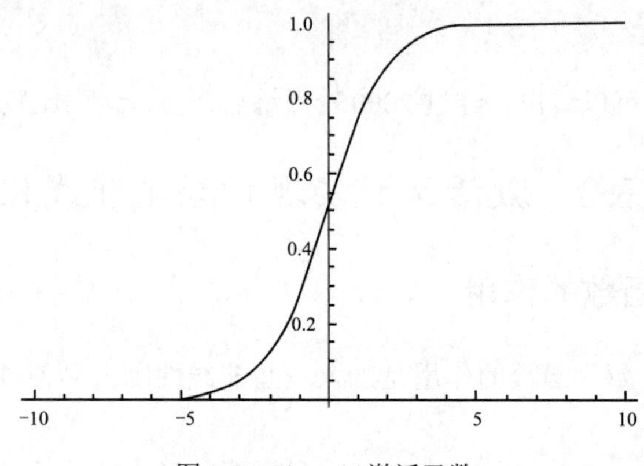

图 3-7　Sigmoid 激活函数

在 TensorFlow 中，Sigmoid 对应的函数为 tf.nn.sigmoid(input_data)，其语法格式如表 3-1 所示。

表 3-1　Sigmoid 激活函数

函　数	说　明
tf.nn.sigmoid(input_data, name = None)	计算 input_data 的 sigmoid 值。 **input_data**：输入的 tensor。 **name**：操作节点的名称

下面通过 Sigmoid 激活函数将输入的数值映射到 0~1 区间内，代码如下（代码位置：chapter03/sigmoid_activation.py）。

```
1  import tensorflow as tf
2  input_data = tf.Variable([[0, 10, -10], [1, 2, 3]], dtype=tf.float32)
3  output = tf.nn.sigmoid(input_data)
4  init_op = tf.global_variables_initializer()
5  with tf.Session() as sess:
6      sess.run(init_pop)
7      print(sess.run(output))
```

第 1～2 行代码：导入 tensorflow 库，初始化输入数据。

第 3 行代码：在 tensorflow 库中已经实现各种激活函数，通过 Sigmoid 激活函数，将数据成功映射到 0～1 的范围之内。

第 4～7 行代码：创建会话，使用上下文管理器管理会话，在会话中初始化所有变量，在会话中输出通过 Sigmoid 激活后的值。

运行代码，输出结果如下。

```
[[5.0000000e-01 9.9995458e-01 4.5397868e-05]
 [7.3105860e-01 8.8079703e-01 9.5257413e-01]]
```

3.2.3　Tanh 激活函数

Tanh 激活函数是 Sigmoid 激活函数的升级版本，由于 Sigmoid 激活函数的值域范围是 0~1，而 Tanh 激活函数的范围是−1~1。

$$f(z) = \text{Tanh}^{-1}(z) = \frac{e^{z} - e^{z}}{e^{z} - e^{z}}$$

Tanh 激活函数的图像如图 3-8 所示，其中 x 的取值也是从正无穷到负无穷 ，对应的 y 值的变化为−1～1。

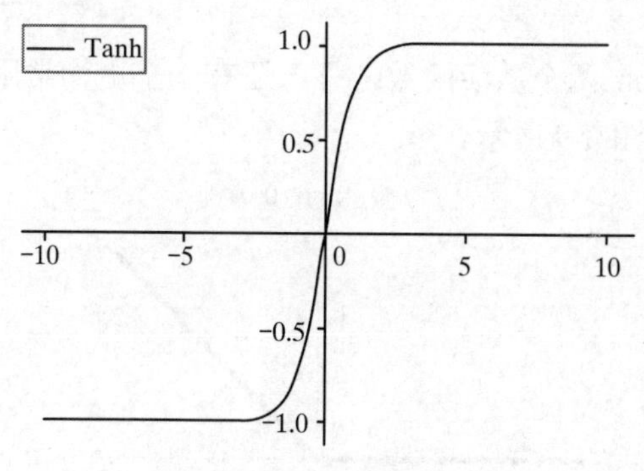

图 3-8　Tanh 激活函数

在 TensorFlow 中，Tanh 函数的形式为 tf.nn.tanh(input)，其语法格式如表 3-2 所示。

表 3-2　Tanh 激活函数

函　　数	说　　明
tf .nn.tanh (　　input_data , 　　name = None)	计算 input_data 的双正切值。 **input_data**：输入的 tensor。 **name**：操作节点的名称

下面通过 Tanh 激活函数将输入数据映射到−1～1 区间，代码如下（代码位置：chapter03/ tanh_activation.py）。

```
1  import tensorflow as tf
2  input=tf.constant([-2,-8,2,8],dtype=tf.float32)
3  output=tf.nn.tanh(input)
4  with tf.Session() as sess:
5      print(sess.run(output))
6      sess.close()
```

第1～2行代码：导入tensorflow库，初始化输入数据。

第3行代码：在tensorflow库中已经实现各种激活函数，通过Tanh激活函数，从输出来看，可以将数值映射到-1～1。

第4～6行代码：创建会话，使用上下文管理器管理会话，在会话中输入Tanh激活函数映射后的值。

运行代码，输出结果如下。

```
[-0.9640276  -0.99999976  0.9640276   0.99999976]
```

3.2.4　Relu激活函数

除了Sigmoid、Tanh两个激活函数之外，还有一个更为常用的激活函数——Relu激活函数，其数学形式如图3-9所示。

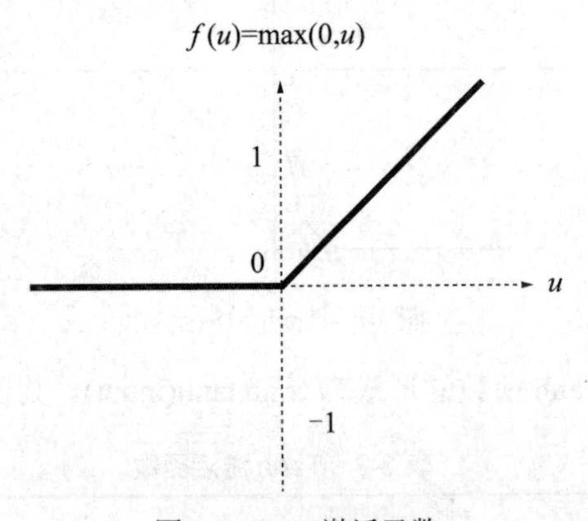

图3-9　Relu激活函数

该函数形式非常简单，大于0的保留，否则一律为0。该函数具有重视正向信号，忽略负向信号的特征，与人类神经元细胞对信号的反应极其相似，所以在神经网络中取得了很好的拟合效果。另外，Relu函数运算简单，可大大提升机器的运算效率。

在TensorFlow中，Relu函数的形式为tf.nn.relu(input)，其语法格式如表3-3所示。

表 3-3　Relu 激活函数

函　数	说　明
tf .nn.relu(　　input_data , 　　name = None)	计算 input_data 的 relu 值。 **input_data**：输入的 tensor。 **name**：操作节点的名称

以下代码实现了 Relu 激活函数（代码位置：chapter03/relu_activation.py）。

```
1  import tensorflow as tf
2  input=tf.constant([-10,0,4,8],dtype=tf.float32)
3  output=tf.nn.relu(input)
4  with tf.Session() as sess:
5      print(sess.run(output))
6      sess.close()
```

第 1～2 行代码：导入 tensorflow 库，初始化输入数据。

第 3 行代码：使用 Relu 激活函数对 input 的值进行变换。

第 4～6 行代码：创建会话，使用上下文管理器管理会话，在会话中输出 Relu 激活后的值。

运行程序，输出结果如下。

```
[0. 0. 4. 8.]
```

从结果可以看出，成功抑制了小于 0 的值。

3.3　BP 神经网络模型

随着研究工作的深入，人们发现 M-P 单个神经元存在很多不足。例如，无法处理非线性问题，即使计算单元的激活函数不用阀函数而用其他较复杂的非线性函数，仍然只能解决线性可分问题。要想增强网络的分类和识别能力，解决非线性问题，唯一的途径是采用多层前馈网络，即在输入层和输出层之间加上隐含层，构成多层前馈感知器网络。

20 世纪 80 年代中期，David Runelhart、Geoffrey Hinton，以及 Ronald Wllians、David Parker 等人，分别独立发现了误差反向传播（Error Back Propagation， BP）算法，系统解决了多层神经网络隐藏层连接权学习问题，并在数学上给出了完整推导。人们把采用这种算法进行误差校正的多层前馈网络称为 BP 网。

BP 神经网络具有复杂的模式分类能力和优良的多维函数映射能力，解决了简单感知器不能解决的异或（Exclusive OR，XOR）问题和一些其他问题。从结构上讲，BP 网络具有输入层、隐藏层和输出层。从本质上讲，BP 算法以网络误差平方为目标函数，采用梯度下降法来计算目标函数的最小值。

3.3.1 BP 神经网络结构

BP 神经网络的计算过程主要分为两个阶段。第 1 阶段是信号的前向传播，从输入层经过隐藏层，最后到达输出层；第 2 阶段是误差的反向传播，从输出层到隐藏层，最后到输入层，依次调节隐藏层到输出层的权重和偏置，输入层到隐藏层的权重和偏置。

一个神经元有多个输入和一个输出，神经元的输出既可以是其他神经元的输出，也可以是整个神经网络的输入。BP 神经网络的结构示意图如图 3-10 所示。

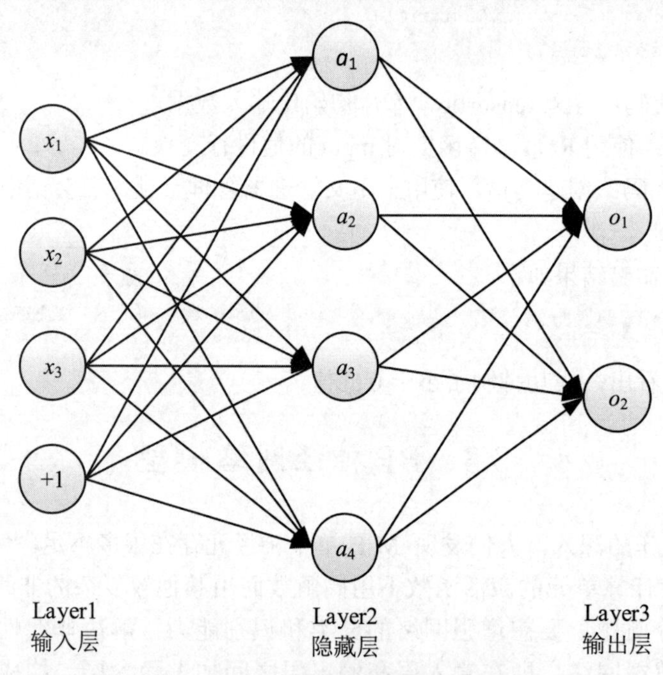

图 3-10　BP 神经网络的结构示意图

BP 神经网络分为 3 层，分别是输入层、隐藏层及输出层。

- 输入层（Layer1）：神经元 $x1, x2, x3$ 接收输入数据，输入的数据也可称为输入向量。
- 隐藏层（Layer2）：是连接前层与后层神经元，每个隐藏神经元同样需要激活函数。
- 输出层（Layer3）：信息在神经元连接中传输、分析、权衡，形成输出结果。输出的信息称为输出向量。

3.3.2　神经网络向前传输推导

计算神经网络的向前传输过程需要 3 部分信息：神经网络的输入、神经网络的连接结构以及神经网络参数。

假设有一个判断零件是否合格的神经网络模型，输入零件的长度和质量，检测文件是否合格，其神经网络模型如图 3-11 所示。

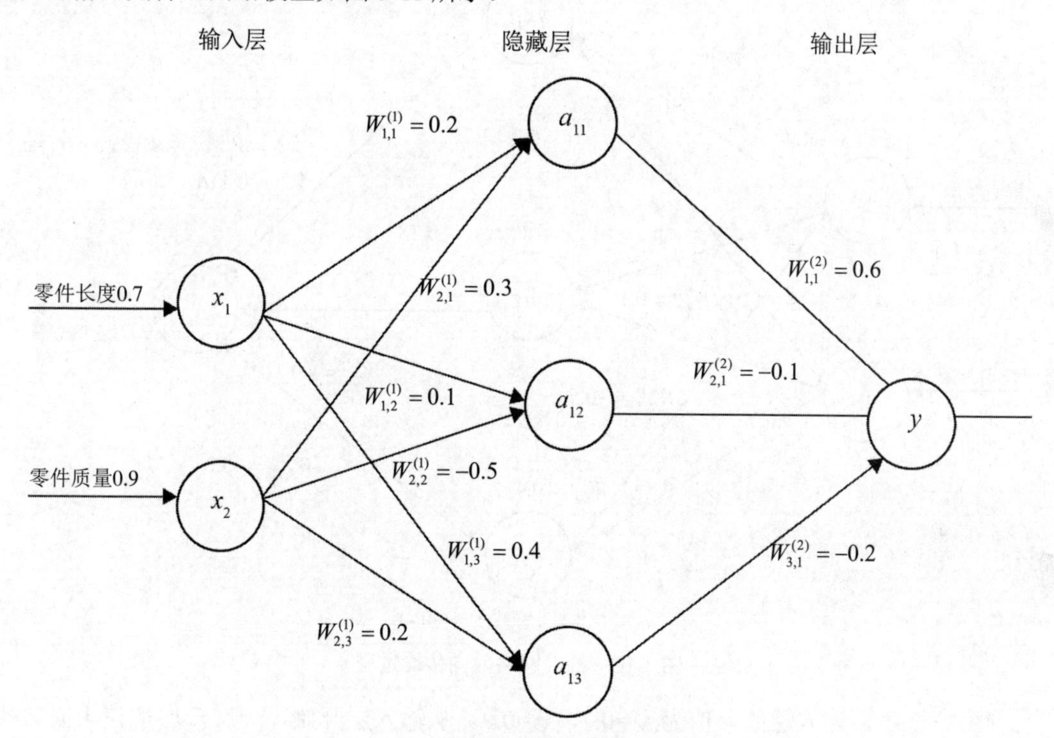

图 3-11　检验零件质量的神经网络模型

从图 3-11 中可以很容易看出神经网络各部分之间的关系。

- 神经网络的输入：这个输入就是从实体中提取的特征向量。这里有两个输入，一个是零件长度 x_1，一个是零件质量 x_2。
- 神经网络的连接结构：a_{11} 节点有两个输入，分别是 x_1 和 x_2 的输出。a_{11} 的输出则是节点 y 的输入。
- 神经网络参数：W 表示神经元中的参数。W 的上标表明了神经网络的层数。例如，$W^{(1)}$表示第 1 层节点的参数，而 $W^{(2)}$表示第 2 层节点的参数。W 的下标表明了连接节点的编号，如 $W_{1,2}^{(2)}$ 表示连接 x_1 和 a_{12} 节点的边上的权重。如何优化每条边的权重，将是算法的关键。

给定神经网络的输入、结构以及边上权重，就可以通过前向传播算法计算神经网络的输出。图 3-12 展示了神经网络前向传播的过程。

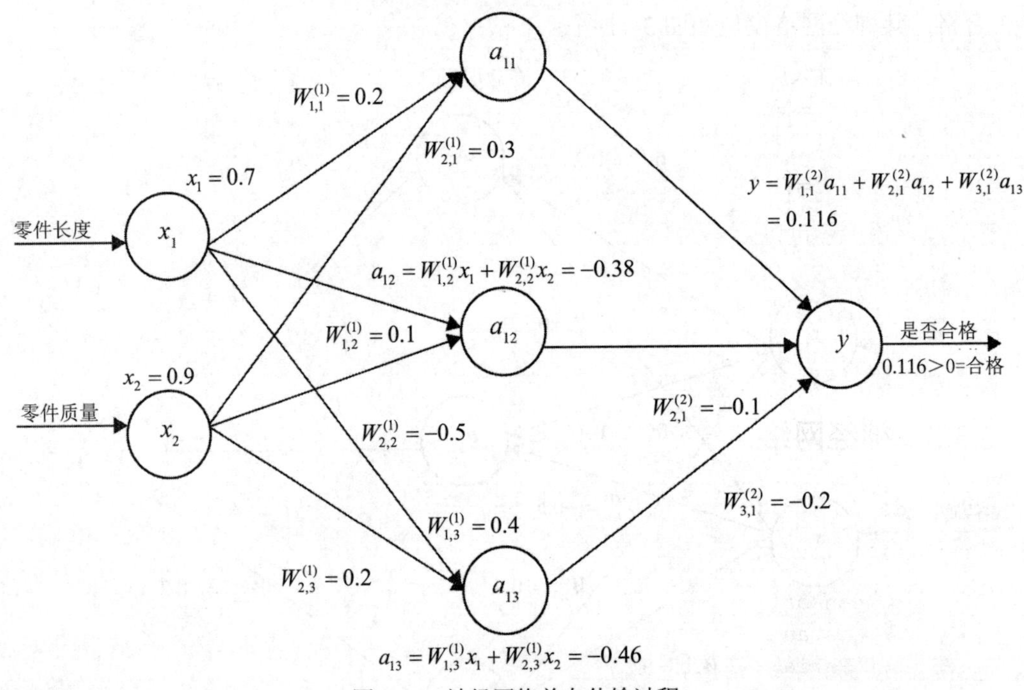

图 3-12　神经网络前向传输过程

图 3-12 中，输入层的取值为 x_1=0.7，x_2=0.9。从输入层开始，一层一层地使用向前传播算法。首先隐藏层中有 3 个节点，每个节点的取值都是输入层取值的加权和。下面给出了 a_{11} 节点取值的详细计算过程：

$$a_{11} = W_{1,1}^{(1)}x_1 + W_{2,1}^{(1)}x_2 = 0.7 \times 0.2 + 0.9 \times 0.3 = 0.14 + 0.27 = 0.41$$

a_{12} 和 a_{13} 可以通过类似的方法计算得到，图 3-12 中也给出了具体的计算公式。

在得到第 1 层节点的取值之后，可以进一步推导得到输出层的取值。类似地，输出层中节点的取值是第 1 层的加权和：

$$y = W_{1,1}^{(2)}\alpha_{11} + W_{2,1}^{(2)}\alpha_{12} + W_{3,1}^{(2)}\alpha_{13} = 0.41 \times 0.6 + (-0.38) \times 0.1 + 0.46 \times (-0.2)$$
$$= 0.246 + (-0.038) + (-0.092) = 0.116$$

因为输出值大于阈值 0，所以在样例中最后给出的答案是：产品合格。这就是整个前向传播算法。

前向传播算法也可以表示为矩阵乘法。将输入 x_1, x_2 组织成一个 1×2 的矩阵 $x=[x_1,x_2]$，而 $W^{(1)}$ 组织成一个 2×3 的矩阵。

$$W^{(1)}=\begin{bmatrix} W_{1,1}^{(1)} & W_{1,2}^{(1)} & W_{1,3}^{(1)} \\ W_{2,1}^{(1)} & W_{2,2}^{(1)} & W_{2,3}^{(1)} \end{bmatrix}$$

这样通过矩阵乘法可以得到隐藏层 3 个节点所组成的向量取值：

$$\alpha^{(1)}=\begin{bmatrix}\alpha_{11} & \alpha_{12} & \alpha_{13}\end{bmatrix}=xW^{(1)}=\begin{bmatrix}x_1 & x_2\end{bmatrix}\begin{bmatrix} W_{1,1}^{(1)} & W_{1,2}^{(1)} & W_{1,3}^{(1)} \\ W_{2,1}^{(1)} & W_{2,2}^{(1)} & W_{2,3}^{(1)} \end{bmatrix}$$

$$=\left[W_{1,1}^{(1)}x_1+W_{2,1}^{(1)}x_2+W_{1,2}^{(1)}x_1+W_{2,2}^{(1)}x_2+W_{1,3}^{(1)}x_1+W_{2,3}^{(1)}x_2\right]$$

类似地，输出还可以表示为：

$$[y]=\alpha^{(1)}W^{(2)}=\begin{bmatrix}\alpha_{11}, & \alpha_{12}, & \alpha_{13}\end{bmatrix}\begin{bmatrix} W_{1,1}^{(2)} \\ W_{2,1}^{(2)} \\ W_{3,1}^{(2)} \end{bmatrix}=\left[W_{1,1}^{(2)}\alpha_{11}+W_{1,2}^{(2)}\alpha_{12}+W_{1,3}^{(2)}\alpha_{13}\right]$$

3.3.3　神经网络向前传输实践

本节将利用 TensorFlow 实现一个基于零件合格检测的神经网络向前传输过程，代码如下（代码位置：chapter03/network_forward.py）。

```
1  import tensorflow as tf
2  x= tf.constant([[0.7, 0.9]])
3  w1 = tf.Variable(tf.random_normal([2,3],stddev=1,seed=1))
4  w2 = tf.Variable(tf.random_normal([3,1],stddev=1,seed=1))
5  a = tf.matmul(x,w1)
6  y= tf.matmul(a,w2)
7  with tf.Session() as sess:
8      init_op = tf.global_variables_initializer()
9      sess.run(init_op)
10     print(sess.run(y))
```

第 1 行代码：导入 tensorflow 的类库，并简写为 tf。

第 2 行代码：声明 1 行 2 列的常量。

第 3～4 行代码：声明两个权重矩阵，分别是 2 行 3 列以及 3 行 1 列的张量。

第 5～6 行代码：tf.matmul()函数分别实现矩阵的乘法。

第 7～10 行代码：创建会话，在上下文管理器中管理会话，在会话中输出计算后的值。

运行代码，输出结果如下。

```
[[3.979256]]
```

3.3.4 构建 BP 神经网络模型

使用监督学习的方式训练神经网络参数，需要有一个标注好的训练数据集。以判断零件是否合格为例，这个标注好的训练数据集就是收集的一批合格零件和一批不合格零件。监督学习最重要的思想是：在已知答案的标注数据集上，模型给出的预测结果要尽量接近真实的答案，通过调整神经网络中的参数对训练数据进行拟合，使模型可以对未知样本提供预测的能力。

在神经网络优化算法中，最常用的方法是反向传播算法。使用反向传播算法训练神经网络的流程图如图 3-13 所示。

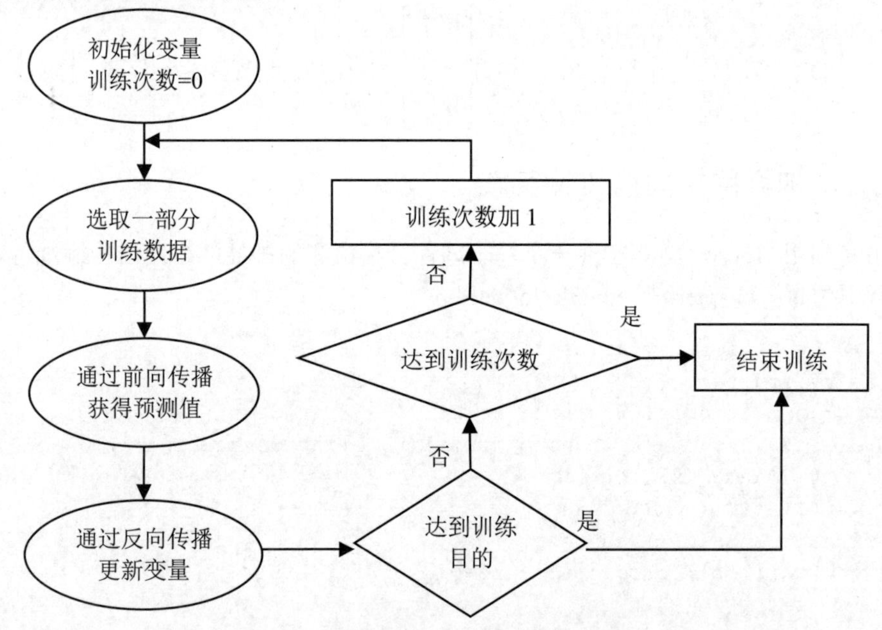

图 3-13 反向传播算法训练网络模型

从图 3-13 中可以看出，反向传播算法实现了一个迭代过程。在每次迭代开始，首先选取一小部分训练数据（称为一个 batch）。然后，将该部分样例通过前向传播算法得到神经网络模型的预测结果。因为训练数据都是有正确答案标注的，所以可以计算出当前神经网络模型的预测答案与正确答案之间的差距。最后，基于预测值和真实值之间的差距，反向传播算法相应更新神经网络参数的取值，使得在这个 batch 上神经网络模型的预测结果和真实答案更加接近。

下面来构建零件合格检测的神经网络。两个输入分别代表零件长度与零件质量，通过随机函数模拟零件长度与质量，训练检测神经网络。训练完成后，打印出权重矩阵的值。具体代码如下（代码位置：chapter03/train_bp_model.py）。

```
1  import tensorflow as tf
2  from numpy.random import RandomState
3  batch_size = 8
4  w1 = tf.Variable(tf.random_normal([2, 3], stddev=1, seed=1))
5  w2 = tf.Variable(tf.random_normal([3, 1], stddev=1, seed=1))
6  x = tf.placeholder(tf.float32, shape=(None, 2), name='x-input')
7  y_ = tf.placeholder(tf.float32, shape=(None, 1), name='y-input')
8  a = tf.matmul(x, w1)
9  y = tf.matmul(a, w2)
10 cross_entropy = -tf.reduce_mean(y_ × tf.log(tf.clip_by_value(y, 1e-
   10, 1.0)))
11 train_step = tf.train.AdamOptimizer(0.001).minimize(cross_entropy)
12 rdm = RandomState(1)
13 dataset_size = 128
14 X = rdm.rand(dataset_size, 2)
15 Y = [[int(x1 + x2 < 1)] for (x1, x2) in X]      # 列表解析式
16 with tf.Session() as sess:
17   init_op = tf.global_variables_initializer()  # 初始化变量
18   sess.run(init_op)
19   print("*********训练之前的初始权重 weights 的值：")
20   print(sess.run(w1))
21   print(sess.run(w2))
22   STEPS = 5000
23   print("*******开始训练**************")
24   for i in range(STEPS):
25     start = (i * batch_size) % dataset_size
26     end = min(start + batch_size, dataset_size)
27     sess.run(train_step, feed_dict={x: X[start:end], y_: Y[start:end]})
28     if i % 1000 == 0:
29        total_cross_entropy = sess.run(cross_entropy, feed_dict={x: X, y_: Y})
30        print("After %d training step(s) , cross entropy on all data
   is %f" % (i, total_cross_entropy))
31  print("*********训练之后的权重 weights 的值：")
32  print(sess.run(w1))
33  print(sess.run(w2))
```

第1行代码：导入tensorflow库，并重新命名为tf。

第 2 行代码：numpy 工具包生成模拟数据集，使用 RandomState 获得随机数生成器。

第 3 行代码：声明每次喂入神经网络中的数据为 8 条。

第 4 行代码：w1 是计算图中权重的矩阵，是一个 2 行 3 列的矩阵。矩阵的初值为符合正态分布随机值的变量。

第 5 行代码：w2 是计算图中权重的矩阵，是一个 3 行 1 列的矩阵。矩阵的初值为符合正态分布随机值的变量。

第 6 行代码：x 输入值的占位符。此处仅仅用于定义占位，在运算过程中进行赋值。

第 7 行代码：实际的 y_值，此处仅仅用于定义占位，在运算过程中进行赋值。

第 8～9 行代码：计算前向传输过程中的输出 y。

第 10 行代码：计算损失函数，使用交叉熵计算损失值。

第 11 行代码：反向优化参数，Adam 梯度下降算法根据损失函数对每个参数的梯度的一阶矩估计和二阶矩估计，动态调整针对每个参数的学习速率。

第 12～14 行代码：利用 numpy 提供的随机函数生成 X。

第 15 行代码：通过 X 计算 Y 值。

第 16～23 行代码：训练准备工作。

第 24～26 行代码：将数据分批次进入训练模型中。

第 27 行代码：在会话中，向神经网络中喂入数据。

第 28～30 行代码：每运行 1000 次后，打印一次训练结果。

运行代码，输出结果如下。

```
*********训练之前的初始权重 weights 的值：
[[-0.8113182   1.4845988   0.06532937]
 [-2.4427042   0.0992484   0.5912243 ]]
*******开始训练**************
After 0 training step(s) , cross entropy on all data is 0.067492
After 1000 training step(s) , cross entropy on all data is 0.016339
After 2000 training step(s) , cross entropy on all data is 0.009075
After 3000 training step(s) , cross entropy on all data is 0.007144
After 4000 training step(s) , cross entropy on all data is 0.005785
*********训练之后的权重 weights 的值：
[[-1.9618274  2.582354   1.6820377]
[-3.4681718  1.0698233  2.11789  ]]
```

上面的程序实现了神经网络训练的全部过程。从这段程序中，可以总结出训练神经网络的过程分为以下 3 步：

（1）定义神经网络的结构和向前传播参数的输出结果。

（2）定义损失函数，选择反向传播优化的算法。

（3）生成会话，并且在训练数据上反复进行反向传播优化算法。

无论神经网络的结构如何变化，这3个步骤是不变的。

3.4　损失函数调整误差

损失函数用于描述网络模型预测值与真实值之间的差距大小，是衡量神经网络学习质量的关键。如果损失函数定义的不正确，无论什么样的神经网络结构，最终都将难以训练出正确的网络模型。

3.4.1　交叉熵损失函数

通过神经网络解决多分类问题时，最常用的方法是设置 n 个输出节点，其中 n 为类别的个数。对于一个样例，神经网络可以得到一个 n 维数组作为输出结果，数组终端每一个维度（也就是每一个输出节点）对应一个类别。

以识别数字为例，理想情况下，如果一个样本属于类别 k，那么该类别对应的输出结果越接近 [0,0,0,0,1,0,0,0,0,0] 越好。如何判断一个输出向量和期望向量有多接近呢？答案是通过交叉熵来判定。

交叉熵描述了两个概率分布之间的距离，是分类问题中使用比较广泛的损失函数。交叉熵是信息论中的概念，原本用来估算平均编码长度。

给定两个概率分布 p 和 q，用 q 来表示 p 的交叉熵为：

$$\mathrm{H}(p,q)=-\sum p(x)\log q(x)$$

交叉熵越小，模型越好。以下代码演示了交叉熵损失函数的使用（代码位置：chapter03/ cross_entropy.py）。

```
1  import tensorflow as tf
2  input_data  =  tf.Variable([[0.2,  0.1,  0.9],  [0.3,  0.4,  0.6]],
   dtype=tf.float32)
3  labels=tf.constant([[1,0,0], [0,1,0]], dtype=tf.float32)
4  cross_entropy  =  -tf.reduce_mean(labels  *  tf.log(tf.clip_by_value(input_data,
   1e-10, 1.0)))
5  with tf.Session() as sess:
6      init = tf.global_variables_initializer()
7      sess.run(init)
8      print("交叉熵为: ",sess.run(cross_entropy))
```

第1行代码：导入tensorflow类库，并简写为tf。

第2～3行代码：分别声明训练数据和标签。

第 4 行代码：使用 tensorflow 库中的函数计算交叉熵。

第 5～7 行代码：创建会话，在上下文管理器中管理会话，并在会话中输出程序运算结果。

运行代码，输出结果如下。

```
交叉熵为：0.4209548
```

3.4.2 均方误差损失函数

与分类问题不同，回归问题解决的是对具体数值的预测，如房价预测、销量预测等都是回归问题。这些问题需要预测的不是一个事先定义好的类别，而是一个任意实数。

解决回归问题的神经网络一般只有一个输出节点，节点的输出值就是预测值。最常用的损失函数是均方误差（Mean Squared Error，MSE），它的定义如下：

$$\mathrm{MSE}(y, y') = \frac{\sum_{i=1}^{n}(y_i - y_i')^2}{n}$$

其中，y_i 为一个 batch 中第 i 个数据的正确答案，而 y_i' 为神经网络给出的预测值。

下面来实现均方误差损失函数，代码如下（代码位置：chapter03/reduce_mean.py）。

```
1  import tensorflow as tf
2  a = tf.constant([[4.0, 4.0, 4.0], [3.0, 3.0, 3.0], [1.0, 1.0, 1.0]])
3  b = tf.constant([[1.0, 1.0, 1.0], [1.0, 1.0, 1.0], [2.0, 2.0, 2.0]])
4  mse = tf.reduce_mean (tf.square (a-b))
5  with tf.Session() as sess:
6      print("均方误差为:",sess.run(mse))
```

第 1 行代码：导入 tensorflow 类库，并简写为 tf。

第 2～3 行代码：分别声明 2 个 3 行 3 列的张量。

第 4 行代码：计算 a 与 b 两个张量的均方误差。

第 5 行代码：创建会话，在会话中输出均方误差的值。

运行代码，输出结果如下。

```
均方误差为：4.6666665
```

3.5 梯度下降

3.5.1 梯度下降的作用及常用方法

在训练过程中，每次正向传输后都会得到输出值与真实值的偏差。该偏差越小，模型越好。梯度下降是一个最优算法，使函数沿着梯度下降的方向求极小值。

梯度下降法主要用于优化单个参数的取值，反向传输则更高效，它在所有参数上使用梯度下降法，从而使神经网络模型在训练数据集上的损失函数尽可能小。常用的梯度下降方法包括批量梯度下降（Batch Gradient Descent，BGD）、随机梯度下降（Stochastic Gradient Descent，SGD）和小批量梯度下降（Mini-Batch Gradient Descent，MGD）3种。

1. 批量梯度下降法

批量梯度下降法首先遍历全部数据集，然后计算损失函数，并对各个参数进行更新。这种更新，所有的样本都有贡献，也就是调整其计算得到的是一个标准梯度，因而理论上来说，一次的更新幅度较大。样本不多的情况下，收敛速度会很快。

批量梯度下降法每更新一次参数，都要把数据集里的所有样本看一遍，计算量大，计算速度慢，不支持在线学习。

2. 随机梯度下降法

随机梯度下降法，每遍历一条数据，计算一下损失函数，然后求梯度更新参数。随机梯度下降法速度快，但收敛性能不太好，可能在最优点附近晃来晃去，却得不到最优点。两次参数的更新也有可能互相抵消，造成目标函数震荡比较剧烈。

随机梯度下降法会带来一定问题，计算得到的并不是准确梯度，容易陷入局部最优解中。

3. 小批量梯度下降法

为了克服上面两种方法的缺点，一种折中的手段——小批量梯度下降。这种方法把数据分为若干个批，按批来更新参数。一批中的数据共同决定了本次梯度的方向，下降起来就不容易跑偏，减少了随机性。另一方面，批的样本数比整个数据集要小很多，计算量不会很大。也就是说，小批量梯度下降法主要是用小样本来近似全部数据。

TensorFlow中，通过Optimizer优化器类进行优化训练。不同算法的优化器在TensorFlow中会有不同的类，其具体语法格式如表3-4所示。

表3-4　TensorFlow框架提供的梯度下降函数

函　数	说　明
tf.train.GradientDescentOptimizer(learning_rate, use__locking=False, name='GradientDescent')	使用随机梯度下降算法，使参数沿着梯度的反方向，即总损失减小的方向移动，实现参数更新。 **learning_rate**：学习率。 **use_locking**：为True，则使用锁对更新操作。 **name**：名字，可选，默认是GradientDescent

续表

函　　数	说　　明
tf.train.AdadeltaOptimizer(learning_rate=0.001, rho=0.95, epsilon=le-08, use__locking=False, name='Adadelta')	构造一个使用Adadelta算法的优化器。 **learning_rate**：用使用的学习率。 **rho**：衰减率。 **epsilon**：多少轮衰减一次。 **use_locking**：为True，则使用锁对更新操作。 **name**：名字，默认是Adadelta

3.5.2 梯度下降使模型最小偏差实践

下面使用梯度下降法实现$y=x^2$，x初始值为5，求y的最小值。学习率设置为0.001，每1000轮更新一次y的值，代码如下（代码位置：chapter03/gradient_descent.py）。

```
1  import tensorflow as tf
2  training_steps= 5000
3  learning_rate= 0.001
4  x = tf.Variable(tf.constant(5, dtype=tf.float32), name="x")
5  y = tf.square(x)
6  train_op = tf.train.GradientDescentOptimizer(learning_rate).minimize(y)
7  with tf.Session() as sess:
8       sess.run(tf.global_variables_initializer())
9       for i in range( training_steps):
10            sess.run(train_op)
11            if i % 1000 == 0:
12                 x_value = sess.run(x)
13                 print ("After %s iteration(s): x%s is %f."% (i+1, i+1,
   x_value))
```

第1行代码：导入tensorflow类库，并简写为tf。

第2行代码：设置整个神经网络训练的轮数为5000轮。

第3行代码：设置学习率为0.001。

第4行代码：声明变量的初始值为5。

第5行代码：y的值为x的平方。

第6行代码：使用随机梯度下降法最小化损失函数。

第7～8行代码：创建会话，在会话中初始化所有的变量。

第9～13行代码：循环指定的轮数，在循环中每1000次打印一次x的值。

运行代码，输出结果如下。

```
After 1 iteration(s): x1 is 4.990000.
```

```
After 1001 iteration(s): x1001 is 0.673971.
After 2001 iteration(s): x2001 is 0.091030.
After 3001 iteration(s): x3001 is 0.012295.
After 4001 iteration(s): x4001 is 0.001661.
```

3.6 模型优化

3.6.1 学习率控制参数更新速度

训练神经网络的过程中，需要设置学习率，以控制参数的更新速度。学习率设置过大，参数更新幅度会比较大，会提升训练速度，但参数可能会在最优值的两侧来回波动；学习率设置过小，会提升训练精度，但训练会比较耗时。综上所述，学习率既不能设置过大，也不能设置过小。

为了控制学习率的设置，TensorFlow 提供了一个灵活的学习率设置函数——指数衰减学习率函数 tf.train.exponential_decay()。该函数先使用较大的学习率来快速得到一个比较优的解，然后随着迭代的进行逐渐减小学习率，使得模型在训练后期更加稳定。

tf.train.exponential_decay() 的具体语法格式如表 3-5 所示。

表 3-5　指数衰减学习率函数

函　数	说　明
tf.train.exponential_decay(	设置指数衰减学习率。
learning_rate,	**learning_rate**: 最初设置的学习效率。
global_step,	**global_step**：当前训练的轮数。
decay_steps,	**decay_steps**：训练多少轮更新学习率。
decay_rate,	**decay_rate**：衰减系数。
staircase=False,	**staircase**：布尔值，如果为 True，以不连续的间隔
name=None)	衰减学习速率，最后曲线就是锯齿状

以下代码演示了使用指数衰减学习率，每次训练后学习率的更新情况（代码位置：chapter03/exponential_decay.py）。

```
1  import tensorflow as tf
2  global_step = tf.Variable(0,trainable=False)
3  initial_learning_rate = 0.1
4  learning_rate = tf.train.exponential_decay(learning_rate=initial_learning_rate,
   global_step=global_step , decay_steps=10,decay_rate=0.85)
5  op= tf.train.GradientDescentOptimizer(learning_rate)
6  add_global = global_step.assign_add(1)
```

```
7  init = tf.global_variables_initializer()
8  with tf.Session() as sess:
9      sess.run(init)
10     for step in range(20):
11             g, rate = sess.run([add_global, learning_rate])
12             print(g,rate)
```

上述代码中，初始的学习率设置为 0.1，所以每轮的学习率为前一轮的 0.85 倍。一般来说，初始学习率、衰减系数、衰减速度都是根据经验来设置的。

运行程序，输出结果如下。

```
1 0.1
2 0.09838795
3 0.09680188
4 0.093706034
5 0.093706034
6 0.0907092
7 0.08924692
8 0.087808214
9 0.0863927
10 0.085
11 0.08362976
12 0.082281604
13 0.08095518
14 0.079650134
15 0.07836613
16 0.07710283
17 0.07585989
18 0.07463699
19 0.0734338
20 0.07225
```

训练神经网络的过程中，通常在训练刚开始时，使用较大的学习率，随着训练的进行，慢慢减小学习率，在使用时，一定要把当前迭代次数 global_step 传进去，否则不会有退化功能。

3.6.2　正则化减少过拟合现象

所谓正则化，就是在神经网络计算损失值的过程中，在损失项后面加一项，这项损失值所代表的输出与标准结果间的误差会受到干扰，导致学习参数无法按照目标方向调整，使得模型无法与样本完全拟合，从而起到防止过拟合的作用。

正则化的方式有两种，分别是 L1 正则化和 L2 正则化。

L1 正则化中，为所有学习参数 w 的绝对值和。计算公式如下：

$$\mathrm{R}(w) = \|w\| = \sum_{i=1}^{n} |w|$$

L2 正则化中，所有学习参数 w 的平方和，然后求平方根。计算公式如下：

$$\mathrm{R}(w) = \|w^2\| = \sum_{i=1}^{n} |w^2|$$

TensorFlow 提供了一系列正则化函数，以进行各类正则化操作。其函数的语法格式如表 3-6 所示。

表 3-6　正则化函数

函　数	说　明
tf.contrib.layers.l1_regularizer(scale, scope=None)	实现 L1 正则化。 **scale**: 正则项的系数。 **scope**: 可选的 scope name
tf.contrib.layers.l2_regularizer(scale, scope=None)	实现 L2 正则化。 **scale**: 正则项的系数。 **scope**: 可选的 scope name
tf.contrib.layers.l1_l2_regularizer(scale, scope=None)	同时实现 L1 正则化和 L2 正则化。 **scale**: 正则项的系数。 **scope**: 可选的 scope name

以下代码演示了 L1 正则化和 L2 正则化的使用方法（代码位置：chapter03/regularizer_demo.py）。

```
1  import tensorflow as tf
2  W = tf.constant([[1.0, -2.0], [-3.0, 4.0]])
3  with tf.Session() as sess:
4      print(sess.run(tf.contrib.layers.l1_regularizer(.5)(W)))
5      print(sess.run(tf.contrib.layers.l2_regularizer(.5)(W)))
6      print(sess.run(tf.contrib.layers.l1_l2_regularizer(.5, .5)(W)))
```

第 1 行代码：导入 tensorflow 类库，并简写为 tf。

第 2 行代码：声明 W 为二维矩阵。

第 3 行代码：创建会话，并使用上下文管理器管理会话。

第 4 行代码：为 L1 正则化，(1+2+3+4)×0.5=5.0。

第 5 行代码：为 L2 正则化，(1+4+9+16) ×0.25=7.5。

第 6 行代码：为 L1+L2 正则化，5.0+7.5=12.5。

运行程序，输出结果如下。

```
5.0
7.5
12.5
```

在简单神经网络中，通过正则化来计算损失函数是比较容易的。当神经网络变得非常复杂（层数很多）时，在损失函数中加入正则化也会变得非常复杂。不但损失函数的定义会变得很长，程序的可读性也会变差，而且定义网络结构的部分和计算损失函数可能不在同一个函数中，使得计算损失函数不方便。

为此，TensorFlow 提供了集合方式添加正则化方法，通过在计算图中保存一组实体来解决这一问题。集合方式添加正则化的函数及其语法格式如表 3-7 所示。

表 3-7　TensorFlow 集合方式添加正则化

函　数	说　明
×tf.add_to_collection(list_name, element)	将元素 element 添加到列表 list_name 中。 **list_name**：集合名称。 **element**：损失函数元素
tf.get_collection(list_name)	返回名称为 list_name 的列表。 **list_name**：集合名称

以下代码演示了如何通过集合方式添加与获取正则化（代码位置：chapter03/collection_ regularizer.py）。

```
1  import tensorflow as tf
2  import numpy as np
3  BATCH_SIZE = 30
4  seed = 2
5  def generateds():
6      rdm = np.random.RandomState(seed)
7      X = rdm.randn(300,2)
8      Y_ = [int(x0×x0 + x1×x1 <2) for (x0,x1) in X]
9      X = np.vstack(X).reshape(-1,2)
10     Y_ = np.vstack(Y_).reshape(-1,1)
11     return X,Y_
12 def get_weight(shape, regularizer):
13     w = tf.Variable(tf.random_normal(shape), dtype=tf.float32)
14     tf.add_to_collection('losses',tf.contrib.layers.l2_regularizer
   (regularizer)(w))
15     return w
```

```
16 def get_bias(shape):
17     b = tf.Variable(tf.constant(0.01, shape=shape))
18     return b
19 x = tf.placeholder(tf.float32, shape=(None, 2))
20 y_ = tf.placeholder(tf.float32, shape=(None, 1))
21 w1 = get_weight([2,11], 0.01)
22 b1 = get_bias([11])
23 y1 = tf.nn.relu(tf.matmul(x, w1)+b1)
24 w2 = get_weight([11,1], 0.01)
25 b2 = get_bias([1])
26 y = tf.matmul(y1, w2)+b2
27 loss_mse = tf.reduce_mean(tf.square(y-y_))
28 loss_total = loss_mse + tf.add_n(tf.get_collection('losses'))
29 train_step = tf.train.AdadeltaOptimizer(0.0001).minimize(loss_mse)
30 with tf.Session() as sess:
31     init_op = tf.global_variables_initializer()
32     sess.run(init_op)
33     STEPS = 20000
34     for i in range(STEPS):
35          start = (i×BATCH_SIZE)%300
36          end = start + BATCH_SIZE
37          sess.run(train_step,feed_dict={x:X[start:end],y_:Y_[start:end]})
38          if i % 5000 == 0:
39              loss_mse_v = sess.run(loss_mse,feed_dict={x:X,y_:Y_})
40              print("Atfer %d steps, loss is:%f" %(i, loss_mse_v))
```

第 1～2 行代码：导入程序所需的类库。

第 3～4 行代码：定义喂入网络中的数据以及随机种子。

第 6 行代码：基于 seed 产生随机数。

第 7 行代码：随机数返回 300 列 2 行的矩阵，表示 300 组坐标点（x0，x1）作为输入数据集。

第 8 行代码：如果 X 中的 2 个数的平方和小于 2，y=1；否则 y=2。

第 9～10 行代码：对数据集 X 和标签 Y 进行形状整理。

第 12～15 行代码：获得网络权重，并将 L2 正则化加入集合中。

第 16～18 行代码：获取神经网络的偏置项。

第 19～26 行代码：定义网络的向前传输过程。

第 27～29 行代码：定义神经网络的优化方法。

第 30～40 行代码：在神经网络中进行训练。

运行程序，输出结果如下。

```
After 0 steps, loss if 11.896400
After 5000 steps, loss if 0.193066
After 10000 steps, loss if 0.112232
After 15000 steps, loss if 0.091886
```

3.7 构建泰坦尼克号生还率模型

3.7.1 数据读取及预处理

泰坦尼克号沉船事件是历史上最为惨痛的海上事故之一。1912 年 4 月 15 日首航期间，泰坦尼克号撞上一座冰山后沉没，2224 名乘客和机组人员中，有 1502 人不幸罹难。

在类似的沉船事故中，能否幸存下来，运气占有很大的成分。但刨除运气成分，我们会发现，在救生艇数量有限的情况下，总有一些人比其他人的生存概率更大，如妇女、儿童和上层阶级。

本例中，将尝试对不同类型乘客的生存可能性进行分析。

搭建神经网络之前，首先要进行数据清洗。这一步可以简单一些，但想要得到更好的效果，清洗之前的数据分析是不可少的。泰坦尼克号上乘客的属性及含义如表 3-8 所示。

表 3-8　泰坦尼克号属性含义

变量名称	含　义
Survived	生存情况，存活（1）或死亡（0）
Pclass	客舱等级（1=一级，2=二级，3=三级）
Name	乘客名字
Sex	乘客性别
Age	乘客年龄
SibSp	在船兄弟姐妹数/配偶数
Parch	在船父母数/子女数
Ticket	船票编号
Fare	船票价格
Cabin	客舱号
Embarked	登船港口分别是（Cherbourg、Queenstown 和 Southampton）

有两条数据的 Embarked 缺失。分析可以发现，同等客舱、同等票价的人的 Embarked 应该一样，PassengerID 为 62 的顾客为一等舱，票价为 80 元，因此一等舱 3 个不同登船地点的乘客票价，得出在 Chergbourg 登船的票价中位数为 80，将这个缺失补齐为 C。

有大量乘客的年龄缺失。先统计每个等级客舱男女乘客的年龄信息，然后将缺失的年龄用同一等级相同乘客年龄的中位数来补齐。

Cabin 一项也有大量缺失。这个好像不能补齐，但分析了有 Cabin 和没有 Cabin 两种情况的生存率，发现有 Cabin 比没有 Cabin 的生存率大很多，因此把 Cabin 的缺失与否当成一个特征。

Ticket 一项暂时没有什么用，这里直接抛弃，后面再做进一步处理。

Name 一项只取其中的称谓，常见的有 Mr.、Mrs.、Miss.、Master.等，把这个提取出来作为一个特征。

另外，将 Pclass 拆分成一个向量，如 Pclass 分成 3 个等级，分别为 (1,0,0)、(0,1,0) 和 (0,0,1)，Sex 分别写成 (1,0) 和 (0,1)，Embarked 分别写成 (1,0,0)、(0,1,0) 和 (0,0,1)。

综上所述，每条数据提取出 6 个特征，使用 pandas 分别处理好训练集和测试集。两组数据分别保存为 train.csv 和 test.csv。

以下代码演示了读取 train.csv 以及预处理的过程（代码位置：chapter03/titanic_demo.py）。

```
1 import pandas as pd
2 from sklearn.model_selection import train_test_split
3 import tensorflow as tf
4 import numpy as np
5 data = pd.read_csv("data/train.csv")
6 data['Sex'] = data['Sex'].apply(lambda s: 1 if s == 'male' else 0)
7 data = data.fillna(0)
8 dataset_X = data[['Sex', 'Age', 'Pclass', 'SibSp', 'Parch', 'Fare']]
9 dataset_X = dataset_X.values
10 data['Deceased'] = data['Survived'].apply(lambda s: int(not s))
11 dataset_Y = data[['Deceased', 'Survived']]
12 dataset_Y = dataset_Y.values
13 X_train,   X_val,   y_train,   y_val   =   train_test_split(dataset_X,
  dataset_Y, test_size=0.2, random_state=1)
```

第 1～4 行代码：导入相关的类库。

第 5 行代码：pd.read_csv()读取数据集。

第 6 行代码：将 Sex 的值转换为 0 或者 1。

第 7 行代码：将缺失的值填充为 0。

第 8 行代码：提取 6 个特征作为分类的依据。

第 11 行代码：初始化生存和死亡两类标签。

第 13 行代码：在训练数据中选择 20%数据用来进行测试。

3.7.2　搭建向前传输过程

本例采用逻辑回归实现向前传输过程，代码如下（代码位置：chapter03/ titanic_demo.py）。

```
14 X = tf.placeholder(tf.float32, shape=[None, 6])
15 y = tf.placeholder(tf.float32, shape=[None, 2])
16 W = tf.Variable(tf.random_normal([6, 2]), name='weights')
17 bias = tf.Variable(tf.zeros([2]), name='bias')
18 y_pred = tf.nn.softmax(tf.matmul(X, W) + bias)
19 cross_entropy = -tf.reduce_sum(y × tf.log(y_pred + 1e-10), reduction_
   indices=1)
20 cost = tf.reduce_mean(cross_entropy)
21 train_op = tf.train.GradientDescentOptimizer(0.001).minimize(cost)
```

第14行代码：声明属性的形状，每条数据有6个特征。

第15行代码：声明结果形状，即存活或死亡。

第16行代码：声明W的权重。

第17行代码：声明偏置项。

第18行代码：使用softmax()实现分类。

第19行代码：声明交叉熵损失参数。

第21行代码：梯度下降法最小化损失函数。

3.7.3　迭代训练

本模型训练的次数为1000轮，每一轮都打印损失函数。训练完成后，预测整个模型的准确率，代码如下（代码位置：chapter03/ titanic_demo.py）。

```
22 with tf.Session() as sess:
23     tf.global_variables_initializer().run()
24     for epoch in range(1000):
25         total_loss = 0.
26         for i in range(len(X_train)):
27             feed = {X: [X_train[i]], y: [y_train[i]]}
28             _, loss = sess.run([train_op, cost], feed_dict=feed)
29         print('Epoch: %04d, total loss=%.5f' % (epoch + 1, loss))
30     print('Training complete!')
31     pred = sess.run(y_pred, feed_dict={X: X_val})
32     correct = np.equal(np.argmax(pred, 1), np.argmax(y_val, 1))
33     accuracy = np.mean(correct.astype(np.float32))
34     print("Accuracy on validation set: %.5f" % accuracy)
```

第 24 行代码：训练 1000 轮。

第 26 行代码：len(X_train)获取训练集中数据的个数。

第 27～28 行代码：依次喂入数据集中的每条数据。

第 33 行代码：判断预测数据是否准备。

第 34 行代码：生成准确率。

运行代码，程序训练 1000 轮后数据的准确率为：

```
Epoch: 0001, total loss=0.00402
Epoch: 0101, total loss=0.00164
Epoch: 0201, total loss=0.00106
Epoch: 0301, total loss=0.00085
Epoch: 0401, total loss=0.00063
Epoch: 0501, total loss=0.00049
Epoch: 0601, total loss=0.00040
Epoch: 0701, total loss=0.00036
Epoch: 0801, total loss=0.00034
Epoch: 0901, total loss=0.00033
Accuracy on validation set: 0.653631270
```

3.8　本 章 小 结

本章开篇介绍了神经元 M-P 的结构、原理及其应用，掌握神经元后通过神经元组合成 BP 神经网络，首先讲解了两层神经网络的原理，接着介绍了三层神经网络的数学推导过程，并用 TensorFlow 实现该过程。

在搭建神经网络的过程中，通过损失函数、梯度下降和学习率，实现优化神经网络的目的，提高神经网络训练的准确性。

最后通过泰坦尼克号拟合模型，解决了生还率的预测问题，从而使神经网络更加贴近实际生活。

3.9　本 章 习 题

1. 选择题

（1）激活函数的作用是（　　）。

A．实现非线性化　　　　B．实现线性转换

C．实现数值运算　　　　D．以上都不是

（2）在 M-P 神经元模型中，每个神经元的值为（　　）。

A．所有输入值的加权和　　B．所有输入值的和

C．所有输入值的乘积　　D．所有输入值的加权乘积

（3）学习率的作用是（　　）。

A．控制参数更新速度　　B．减少过拟合

C．减少偏差　　D．以上都不是

（4）以下代码的输出是（　　）。

```
W = tf.constant([[1.0, -2.0], [-3.0, 4.0]])
with tf.Session() as sess:
    print(sess.run(tf.contrib.layers.l1_regularizer(.5)(W)))
```

A．5.0　　B．6.0　　B．7.0　　B．8.0

（5）Sigmoid 激活函数实现将输入的值映射到（　　）范围区间。

A．(0,1)　　B．(−1,1)　　C．(−3,3)　　D．(−2,2)

（6）以下属于分类问题的损失函数的是（　　）。

A．交叉熵　　B．均方误差　　C．绝对值差　　D．求和

（7）以下属于回归分析的损失函数的是（　　）。

A．交叉熵　　B．均方误差　　C．绝对值差　　D．求和

（8）tf.square(4)的结果是（　　）。

A．4　　B．2　　C．1　　D．0

（9）以下属于随机梯度下降函数的是（　　）。

A．tf.train.GradientDescentOptimizer　　B．tf.train.AdagradOptimizer

C．tf.train.AdamOptimizer　　D．以上都不是

（10）如果模型设置指数衰减学习率，那么学习率的变小的幅度是（　　）。

A．先大后小　　B．先小后大

C．一直变大　　D．保持不变

2. 填空题

（1）大脑处理信息的基本单元是________________。

（2）M-P 神经元有两种输入，分别是____________和______________。

（3）Tanh 激活函数实现将输入的值映射到的范围区间是________________。

（4）TensorFlow 提供了均方误差损失函数的形式是__________________。

（5）以下程序的输出结果是__________________。

```
A = np.array([[1,1,2,4], [3,4,8,5]])
```

```
with tf.Session() as sess:
    print(sess.run(tf.clip_by_value(A, 2, 5)))
```

3. 判断题

（1）BP神经网络也被称为全连接神经网络。　（　）

（2）全连接神经无网络的输入层节点的个数实质上是从实体中提取的特征向量。　（　）

（3）激活函数的作用是实现模型的非线性化。　（　）

（4）损失函数主要是计算真实值与预测值之间的误差。　（　）

（5）在TensorFlow中，真实值和计算值之间的交叉熵越大越好。　（　）

（6）梯度下降法主要用于优化单个参数的取值，而反向传输给出了一个高效的方式在所有参数上使用梯度下降法。　（　）

4. 简答题

（1）简述MP神经元结构。

（2）简述MP神经元计算公式。

（3）简述BP神经网络结构。

（4）简述BP神经网络前向计算过程。

（5）简述BP神经网络反向传播过程，并尝试使用代码完成BP神经网络构建。

（6）简述几种常用的激活函数，并举例说明函数之间的区别与联系。

（7）简述损失函数的作用。

（8）比较TensorFlow提供的梯度下降函数，简述其区别与联系。

5. 编程题

实现三层BP神经网络泰坦尼克号生还率模型。

任务4　构建手写字识别模型

本章内容

本章将以 MNIST 数据集为例，首先介绍 MNIST 数据集的特性、下载方法、图片数据的矩阵表示、标签分类数据的独热表示；然后将构建全连接神经网络用于训练字识别模型；最后将分别使用验证集和自定义图片对模型的准确率进行验证。

知识图谱

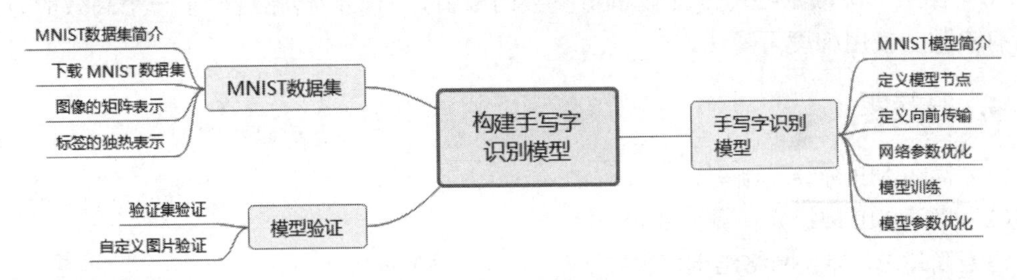

重点难点

重点：MNIST 数据集的特性、下载方法、图片数据的矩阵表示、标签数据的独热表示机制。

难点：MNIST 手写字网络模型的构建、优化以及模型验证。

4.1　MNIST 数据集

4.1.1　MNIST 数据集简介

MNIST 是一个非常著名的手写字数据集，也是进行深度学习的入门级的数据集，由大名鼎鼎的 Yann LeCun 教授负责构建。该数据集包含 60000 张图片作为训练数据，10000 张图片作为测试数据，每张图片都代表 0～9 的一个数字，图 4-1 显示了训练集中前 20 个样本图形。

在图 4-1 中，每张图片都使用 28×28 的二维矩阵表示，且数字位于图片的正中央，包含数字的像素用 1 表示，不包含数字的像素用 0 表示。图 4-2 展示了图片以及所对应的二维矩阵表示方法。

0.png　1.png　2.png　3.png　4.png
9.png　10.png　11.png　12.png　13.png
18.png　19.png　20.png　21.png　22.png
27.png　28.png　29.png　30.png　31.png

图 4-1　MNIST 数据集图片

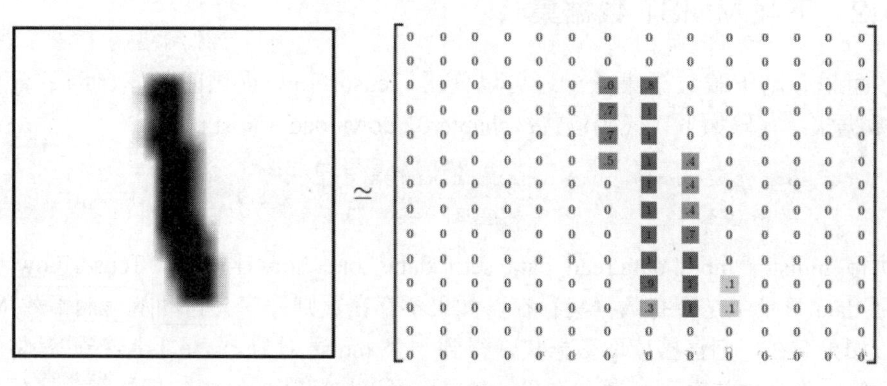

图 4-2　图片以及矩阵表示

MNIST 数据集的官方下载地址是 http://yann.lecun.com/exdb/mnist/，打开官网，可以看到如图 4-3 所示界面，该数据集有 4 个文件，每个文件的作用如表 4-1 所示。分别单击每一个文件，将数据集文件下载到本地，放到程序所对应目录中即可。

THE MNIST DATABASE

of handwritten digits

Yann LeCun, Courant Institute, NYU
Corinna Cortes, Google Labs, New York
Christopher J.C. Burges, Microsoft Research, Redmond

The MNIST database of handwritten digits, available from this page, has a training set of 60,000 examples, and a test set of 10,000 examples. It is a subset of a larger set available from NIST. The digits have been size-normalized and centered in a fixed-size image.

It is a good database for people who want to try learning techniques and pattern recognition methods on real-world data while spending minimal efforts on preprocessing and formatting.

Four files are available on this site:

```
train-images-idx3-ubyte.gz:  training set images (9912422 bytes)
train-labels-idx1-ubyte.gz:  training set labels (28881 bytes)
t10k-images-idx3-ubyte.gz:   test set images (1648877 bytes)
t10k-labels-idx1-ubyte.gz:   test set labels (4542 bytes)
```

please note that your browser may uncompress these files without telling you. If the files you downloaded have a larger size than the above, they have been uncompressed by your browser. Simply rename them to remove the .gz extension. Some people have asked me "my application can't open your image files". These files are not in any standard image format. You have to write your own (very simple) program to read them. The file format is described at the bottom of this page.

图 4-3　MNIST 数据集官网下载界面

表4-1　MNIST数据集中每个文件作用

文件名称	大　小	内　容
train-images-idx3-ubyte.gz	9912422字节	训练数据集图片数据
train-labels-idx1-ubyte.gz	28881字节	训练数据集图片数据对应的标签
t10k-images-idx3-ubyte.gz	1648877字节	测试数据集图片数据
t10k-labels-idxl-ubyte.gz	4542字节	测试数据集图片数据对应的标签

4.1.2　下载MNIST数据集

除了可以手动下载数据集外，还可以使用TensorFlow提供的类库自动下载与安装MNIST数据集，代码如下（代码位置：chapter02/download_mnist.py）。

```
from tensorflow.examples.tutorials.mnist import input_data
mnist = input_data.read_data_sets("data/",one_hot=True)
```

在执行mnist = input_data.read_data_sets("data/",one_hot=True)后，TensorFlow会检测当前项目data目录中是否有数据集存在。如果不存在，则程序会自动从官网下载MNIST数据集；如果存在，则直接读取数据集，得到一个mnist对象。one_hot=True是将图像所对应的标签转换为独热表示。通过mnist对象，可以访问数据集中数据的相关属性。常见属性如表4-2所示。

表4-2　MNIST常见属性

属　性	含　义
mnist.train.images	输出训练集图像，形状格式为(55000, 784)
mnist.train.labels	数据训练集标签，形状格式为(55000, 10)
mnist.validation.images	输出验证集图像，形状格式为(5000, 784)
mnist.validation.labels	输出验证集标签，形状格式为(5000, 10)
mnist.test. images	输出测试集图像，形状格式为(10000, 784)
mnist.test. labels	输出测试集标签，形状格式为(10000, 10)

以下代码下载MNIST数据集，并输出相关的属性（代码位置：chapter04/download_mnist.py）。

```
1  from tensorflow.examples.tutorials.mnist import input_data
2  mnist = input_data.read_data_sets("data/",one_hot=True)
   #打印训练集属性
3  print (mnist.train.images.shape)
4  print (mnist.train.labels.shape)
   #打印验证集属性
```

```
5  print(mnist.validation.images.shape)
6  print(mnist.validation.labels.shape)
   #打印验证集属性
7  print(mnist.test.images.shape)
8  print(mnist.test.labels.shape)
```

第 1 行代码：导入 MNIST 数据集类库。

第 2 行代码：下载 MNIST 数据集，one_hot=True 是将数据集数据标签转换为 one-hot 形式表示。

第 3～4 行代码：打印 mnist 训练集图像和对应标签的形状。

第 5～6 行代码：打印 mnist 验证集图像和对应标签的形状。

第 7～8 行代码：打印 mnist 测试集图像和对应标签的形状。

运行代码，输出结果如下。

```
(55000, 784)
(55000, 10)
(5000, 784)
(5000, 10)
(10000, 784)
(10000, 10)
```

需要注意的是：原始的 MNIST 数据集中包含 60000 张训练图片和 10000 张测试图片。但在 TensorFlow 中将训练集的 60000 张训练图片重新划分成了新的 55000 张训练图片和 5000 张验证图片。所以在程序的 mnist 对象中，数据集一共分为 3 部分：mnist.train 是训练图片数据，mnist.validation 是验证图片数据，mnist.test 是测试图片数据，正好对应着机器学习中的训练集、验证集和测试集。一般来说，在构建模型的过程中，首先在训练集上训练模型，然后通过模型在验证集上的表现调整参数，最后通过测试集确定模型的性能。

4.1.3　图像的矩阵表示

在 MNIST 数据集中，属性 mnist.train.images 返回的是训练集中的所有图像数据，其形状可以表示为 (55000,784)的二维矩阵。其中第一维 55000 代表训练集中图像的个数，第二维 784 是每张图片所包含的像素点个数，即每张 28×28 分辨率的图片用 784 个像素点来表示。

以下代码输出第一幅图片的向量表示（代码位置：chapter04/image_matrix.py）。

```
1  from tensorflow.examples.tutorials.mnist import input_data
2  import tensorflow as tf
```

```
3  mnist = input_data.read_data_sets("data/",one_hot=True)
4  image= mnist.train.images[0]
5  image = tf.reshape(image,(-1,28))
6  with tf.Session() as sess:
7      print(sess.run(image))
```

第 1～2 行代码：分别导入 MNIST 类库和 tensorflow 类库。

第 3 行代码：读取或下载 MNIST 数据集文件，并将标签数据转换为独热表示。

第 4 行代码：mnist.train.images[0]提取训练集中的第一张图片，该图片具有 784 个像素点，其形状为(784,)，表示有 784 列。

第 5 行代码：tf.reshape()进行形状转换，将 784 个像素点转置为 28×28 的二维矩阵形式。

第 6 行代码：创建一个会话，并使用上下文管理器管理该会话。

第 7 行代码：在会话中输出图片的矩阵数组，其部分结果如图 4-4 所示。

```
 0.          0.          0.          0.          0.          0.
 0.          0.          0.          0.          0.4156863   0.6156863
 0.9960785   0.9960785   0.95294124  0.20000002  0.          0.
 0.          0.          0.          0.         ]
[0.          0.          0.          0.          0.          0.
 0.          0.          0.          0.          0.          0.09803922
 0.45882356  0.8941177   0.8941177   0.8941177   0.9921569   0.9960785
 0.9960785   0.9960785   0.9960785   0.94117653  0.          0.
 0.          0.          0.          0.         ]
[0.          0.          0.          0.          0.          0.
 0.          0.          0.          0.26666668  0.4666667   0.86274517
 0.9960785   0.9960785   0.9960785   0.9960785   0.9960785   0.9960785
 0.9960785   0.9960785   0.9960785   0.5568628   0.          0.
```

图 4-4　图像的矩阵表示

4.1.4　标签的独热表示

在 MNIST 数据集中，mnist.train.labels 属性表示训练图像的标签，形状表示为（55000, 10）二维矩形，每一个标签用独热表示，即 one-hot 编码。

所谓独热表示，实质上一位高效编码，用一维 N 个向量来表示 N 个类别，每个类别占据独立的一位，任何时候独热表示中只有一位是 1，真他各位都为 0。表 4-3 显示了不同数字的独热表示。

表4.3 数字的独热表示

原始表示	独热表示
0	[1, 0, 0 , 0, 0 , 0, 0, 0, 0, 0]
1	[0, 1, 0 , 0, 0 , 0, 0, 0, 0, 0]
2	[0, 0, 1 , 0, 0 , 0, 0, 0, 0, 0]
…	…
8	[0, 0, 0 , 0, 0 , 0, 0, 0, 1, 0]
9	[0, 0, 0 , 0, 0 , 0, 0, 0, 0, 1]

以下代码显示了第一幅图片标签的独热表示（代码位置：chapter04/labels_onehot.py）。

```
1  from tensorflow.examples.tutorials.mnist import input_data
2  import tensorflow as tf
3  mnist = input_data.read_data_sets("data/",one_hot=True)
4  label= mnist.train.labels[0]
5  label =tf.reshape(label,(-1,10))
6  with tf.Session() as sess:
7      print(sess.run(label))
```

第1~2行代码：分别导入MNIST类库以及tensorflow类库。

第3代码：读取或下载MNIST数据集文件，并将标签数据转换为独热表示。

第4行代码：读取训练集标签集合的第一个标签，其形状为(10,)，表示有10列。

第5行代码：将变量转换为1行10列二维矩阵形式。

第6~7行代码：创建一个会话，并使用上下文管理器管理该会话，在会话中输出标签数据的独热表示。

运行程序，输出的独热表示如下。

```
[[0. 0. 0. 0. 0. 0. 0. 1. 0. 0.]]
```

从程序的运行结果可以看到，该独热的第8个位置用数字1表示，代表该独热所代表的数字是7。

4.2 构建识别MNIST模型

4.2.1 MNIST手写字模型简介

MNIST手写字识别模型是一个3层的全连接神经网络模型，由输入层、隐藏层、输出层以及一个softmax()函数组成。各层的特性如下。

- 输入层：输入层的每个节点代表 MNIST 数据集中每张图片的一个像素点，由于每张图片包含 28×28= 784 个像素点，因此输入层的节点的个数为 784 个。
- 隐藏层：隐藏层有 500 个节点，根据全连接神经网络特性，输入层到隐藏层的权重矩阵为[784,500]，共有 500 个偏置项。
- 输出层：输出层有 10 个节点，根据全连接神经网络特性，隐藏层与输出层的权重矩阵为[500,10]，共有 10 个偏置项。
- Softmax()函数：主要是将输出转化为满足概率分布形式，输出 one-hot 的独热编码，从而可以判断每张图片通过神经网络计算所属的具体数字。

MNIST 手写字的网络模型结构如图 4-5 所示。

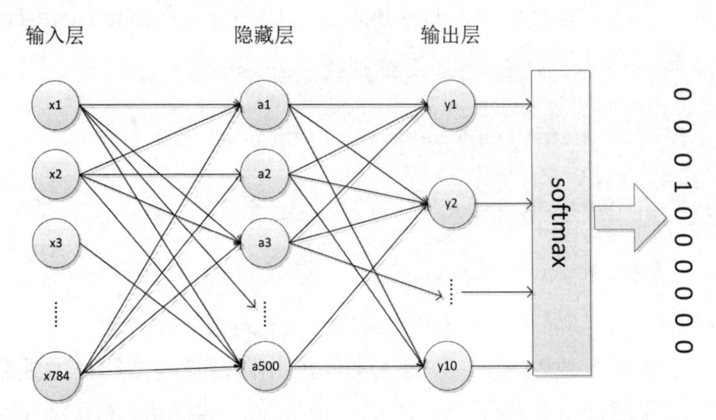

图 4-5　MNIST 手写字网络结构模型

4.2.2　定义模型节点参数

模型节点参数涉及输入层节点的个数、隐藏层节点的个数、神经网络各层的偏置项、学习率、衰减率以及正则化系数等。神经网络模型各个节点参数定义的代码如下（代码位置：chapter04/ mnist_model.py）。

```
1  import tensorflow as tf
2  from tensorflow.examples.tutorials.mnist import input_data
3  INPUT_NODE = 784                     # 输入层为 28×28 的像素
4  OUTPUT_NODE = 10                     # 输出层 0~9 有 10 类
5  LAYER1_NODE = 500                    # 隐藏层节点数
6  BATCH_SIZE = 100                     # batch 的大小
7  TRAINING_STEPS = 30000               # 训练轮
8  LEARNING_RATE_BASE = 0.8             # 基础的学习率
9  LEARNING_RATE_DECAY = 0.99           # 学习率的衰减率
10 REGULARIZATION_RATE = 0.0001         # 正则化项的系数
```

在上述代码中：定义输入层含有 784 个节点，隐藏层含有 500 节点，输出层包含 10 个节点，分别表示 0~9 的 10 个数字的不同类别；在神经网络训练的过程中，定义共训练 30000 轮，每轮训练需要向网络喂入 100 张图片；在优化神经网络过程中，定义指数衰减学习率，基础的学习率为 0.8，学习的衰减率分 0.99，定义正则化系数为 0.0001，从而增加模型的泛化性。

4.2.3　网络向前传输过程

网络模型向前传输，实际上是喂入神经网络图片矩阵，通过输入层、隐藏层和输出层，最终得到输出图片矩阵的计算结果，从而判断图片是属于哪个数字的过程。具体而言主要分为两步：

（1）根据提供给输入层每个节点的值与隐藏层参数做矩阵乘法运算，再加上偏置项，通过激活函数得到每个隐藏层节点的值。

（2）每个隐藏层节点的值与输出层参数进行矩阵乘法，加上偏置项，得到网络的输出值。其网络模型的向前传输过程如下（代码位置：chapter04/ mnist_model.py）。

```
11 def get_regularizer_variable(weights, regularizer):
12     if regularizer != None:
13             tf.add_to_collection("losses", regularizer(weights))
14 def forward(input_tensor, regularizer):
       #隐藏层参数定义与输出
15     weights1 = tf.Variable(tf.truncated_normal([INPUT_NODE, LAYER1_NODE],
   stddev=0.1))
16     biases1 = tf.Variable(tf.constant(0.1, shape=[LAYER1_NODE]))
17     get_regularizer_variable(weights1, regularizer)
18     layer1 = tf.nn.relu(tf.matmul(input_tensor, weights1) + biases1)
       # 输出层参数与输出
19     weights2 = tf.Variable(tf.truncated_normal([LAYER1_NODE, OUTPUT_NODE],
   stddev=0.1))
20     biases2 = tf.Variable(tf.constant(0.1, shape=[OUTPUT_NODE]))
21     get_regularizer_variable(weights1, regularizer)
22     layer2 = tf.matmul(layer1, weights2) + biases2
23     return layer2
   #程序运行起点
24 if __name__=="__main__":
25     mnist = input_data.read_data_sets('data/', one_hot=True)
26     x = tf.placeholder(tf.float32, [None, INPUT_NODE], name='x-input')
27     y_ = tf.placeholder(tf.float32, [None, OUTPUT_NODE], name='y-input')
28     regularizer = tf.contrib.layers.l2_regularizer(REGULARIZATION_RATE)
29     y = forward(x,regularizer)
```

上述程序运行的起点24行的main函数，当程序运行时，首先会执行该行代码。

第25行代码：加载MNIST数据集，并表示成独热形式。

第26行代码：tf.placeholder()声明占位符，将28×28的图片矩阵表示为784列的向量，因此每次向模型中喂入[None,784]张图片矩阵。

第27行代码：tf.placeholder()占位符，声明每次网络的输出。神经网络的输出是10个数字的某一个分类。

第28行代码：声明L2正则化，正则化系数是0.8。正则化可以减少网络的过拟合性，增加网络的泛化能力。

第29行代码：调用forward()函数实现神经网络的向前传输，传入神经网络的输入图片矩阵和正则化系数，得到神经网络计算的输出y。

第11～13行代码：定义get_regularizer_variable()函数，将正则化通过tf.add_to_collection()加入损失函数集合中。

第15～18行代码：定义输入层与隐藏层的连接权重、偏重项、正则化参数，并将第一层的计算结果通过Relu函数激活后输出。

第19～21行代码：定义隐藏层与输出层连接权重、偏重项、正则化参数，并将第一层的计算结果通过Relu函数激活后输出。

4.2.4　网络参数优化

神经网络优化通过梯度下降算法和反向传播算法，不断调整网络中的参数取值。梯度下降算法主要用于优化单个参数的值，反向传播算法则是高效地在所有参数上使用梯度下降法，此外，学习率可以控制参数更新的幅度，正则化可以减少过拟合现象。其反向传播过程代码如下（代码位置：chapter04/ mnist_model.py）。

```
30  cross_entropy  tf.nn.sparse_softmax_cross_entropy_with_logits(logits=y,
    labels=tf.argmax(y_, 1))
31  cross_entropy_mean = tf.reduce_mean(cross_entropy)
32  loss = cross_entropy_mean + tf.add_n(tf.get_collection("losses"))
33  global_step = tf.Variable(0, trainable=False)
34  learing_rate    tf.train.exponential_decay(learning_rate=LEARNING_RATE_
    BASE, global_step=global_step, decay_steps=mnist.train.num_examples/
    BATCH_SIZE, decay_rate=LEARNING_RATE_DECAY)
35  train_step tf.train.GradientDescentOptimizer(learing_rate).minimize(loss)
```

第30行代码：tf.nn.sparse_softmax_cross_entropy_with_logits()首先通过将网络的输出归一化，使各个分量的和为1，然后计算交叉熵。tf.argmax(y_, 1)返回y_中最大值的索引。

第 31 行代码：tf.reduce_mean()计算所有交叉熵的平均值。

第 32 行代码：定义损失函数，损失函数是所有交叉熵的平均值加上正则化。

第 33 行代码：定义一个全局变量，初始值为 0，不可训练。

第 34 行代码：定义学习率为指数衰减学习率，学习衰减率为 0.99，每 decay_steps= mnist.train.num_examples / BATCH_SIZE 次更新一次学习率。

第 35 行代码：采用梯度下降算法，最小化损失函数的形式，在反向传播过程中更新所有参数。

4.2.5　训练并保存模型

所有的模型都在会话中进行训练，其训练过程代码如下（代码位置：chapter04/mnist_ model.py）。

```
36 saver = tf.train.Saver()
37 init_op = tf.global_variables_initializer()
38 with tf.Session() as sess:
39     sess.run(init_op)
40     for i in range(TRAINING_STEPS):
41         xs, ys = mnist.train.next_batch(BATCH_SIZE)
42         _, _, _ = sess.run([train_step, loss, global_step], feed_dict=
   {x: xs, y_: ys})
43         if (i % 1000 == 0):
44             print("loss:", sess.run(loss, feed_dict={x: xs, y_: ys}))
45     saver.save(sess, "model/mnistModel.ckpt")
```

第 36 行代码：tf.train.Saver()创建 saver 对象，用于保存模型文件。

第 37～39 行代码：创建会话，使用上下文管理器管理会话，使用全局初始化的方式初始化所有连接权重以及偏置项。

第 40 行代码：for i in range(TRAINING_STEPS)表示训练的轮数。

第 41 行代码：mnist.train.next_batch(BATCH_SIZE)表示每次从训练集中取出 BATCH_SIZE 个图片数据和标签。

第 42 行代码：将图片数据 xs 和标签数据 ys 喂入神经网络进行训练。

第 43～44 行代码：每训练 10000 轮，输出损失函数的值。

第 45 行代码：训练完成之后，保存模型的值。

运行程序，输出的部分损失函数如图 4-6 所示。训练完成后，将在当前目录的 model 文件夹中生成模型文件，如图 4-7 所示。

```
loss: 7.7071476
loss: 0.25730622
loss: 0.19516279
loss: 0.14646403
loss: 0.12611406
loss: 0.09303583
loss: 0.07480408
loss: 0.0673353
```

图 4-6　损失函数变化情况

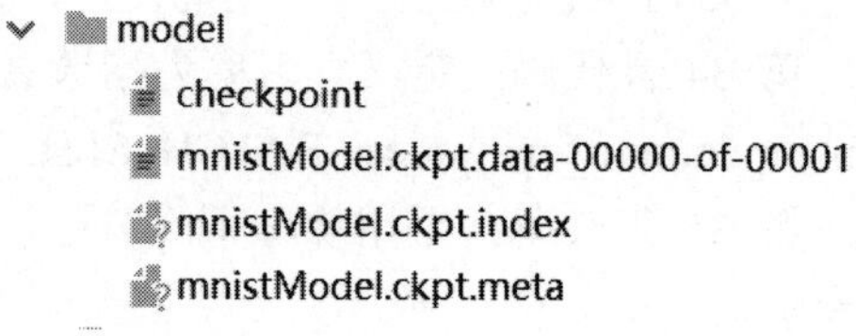

```
model
    checkpoint
    mnistModel.ckpt.data-00000-of-00001
    mnistModel.ckpt.index
    mnistModel.ckpt.meta
```

图 4-7　训练后生成的模型文件

从图 4-7 程序损失函数的输出看到，随着训练轮数的增加，损失函数逐步减小，即训练处的模型对数据的预测越来越准确。

4.3　模 型 验 证

4.3.1　验证集验证模型

模型文件保存了计算图节点信息、不同节点之间的连接权重值以及节点的偏置项值。在 MNIST 验证集中，含有 5000 张图片和标签可以辅助模型的验证，以下程序展示了使用验证集验证模型的准确率，代码如下所示（代码位置：chapter04/ accuracy_validate.py）。

```
1  import tensorflow as tf
2  from tensorflow.examples.tutorials.mnist import input_data
3  from chapter04 import mnist_model
4  def evaluate(mnist):
5      with tf.Graph().as_default() as g:
6          x = tf.placeholder(tf.float32, [None, mnist_model.INPUT_NODE],
   name="x-input")
7          y_ = tf.placeholder(tf.float32, [None, mnist_model.OUTPUT_NODE],
   name="y-input")
8          validate_feed = {x: mnist.validation.images, y_: mnist.validation.
   labels}
9          y = mnist_model.forward(x, None)
10         correct_prediction = tf.equal(tf.argmax(y, 1), tf.argmax(y_, 1))
11         accuracy = tf.reduce_mean(tf.cast(correct_prediction, tf.float32))
12         saver = tf.train.Saver()
13         with tf.Session() as sess:
```

```
14              ckpt = tf.train.get_checkpoint_state("model/")
15              if ckpt and ckpt.model_checkpoint_path:
16                  saver.restore(sess, ckpt.model_checkpoint_path)
17                  accuracy_score = sess.run(accuracy, feed_dict=
validate_feed)
18                  print(" validation accuracy =", accuracy_score)
19              else:
20                  print("No checkpoint file found")
21 if __name__ == '__main__':
22      mnist = input_data.read_data_sets("data/", one_hot=True)
23      evaluate(mnist)
```

第1～2行代码：分别导入MNIST类库以及tensorflow类库。

第3行代码：导入前一讲所创建的自定义的mnist_model文件。

第5行代码：获得系统默认的计算图，在该计算图中进行计算。

第6～7行代码：声明两个占位符x和y_，分别代表输入的图像数据和分类数据y_。

第8行代码：将验证集数据和标签喂入神经网络。

第9行代码：实现神经网络向前传输。

第10行代码：tf.equal()判断验证集的标签和训练模型计算的结果是否相等，如果相等就返回1，否则返回0。

第11行代码：tf.cast()将是否相等转为浮点型，然后通过tf.reduce_mean()计算平均值，从而得到准确率。

第14行代码：tf.train.get_checkpoint_state()获得指定目录下的训练模型。

第15行代码：ckpt and ckpt.model_checkpoint_path()判断指定目录下的模型是否存在。

第16行代码：saver.restore()恢复模型，加载到当前会话中。

第17行代码：sess.run()向模型中喂入数据，得到准确率。

4.3.2　识别自定义图片

对于MNIST训练好的模型，用户可以制作图片，如手写数字，并送入模型进行识别，具体步骤如下。

（1）打开计算机画图工具，在“调整大小和扭曲”对话框中，将图像的尺寸调整为28×28（取消选中“保持纵横比”），如图4-8所示。

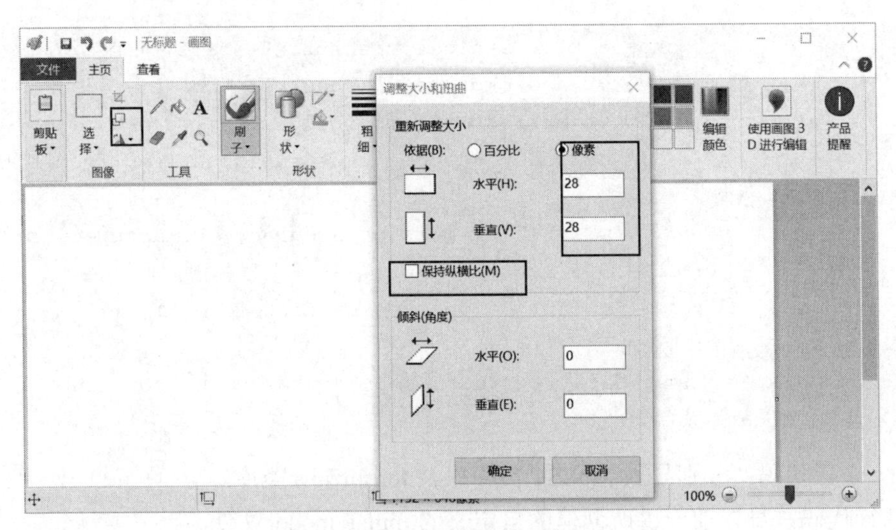

图 4-8　调整画布尺寸

（2）放大 28×28 的画布，在画布上用铅笔画一个手写数字，如图 4-9 所示。

图 4-9　画布上的手写数字

（3）把该手写字命名为 first.jpg，并复制到 chapter04 项目目录中，运行如下代码，实现手写字识别（代码位置：chapter04/mnist_test.py）。

```
1  import tensorflow as tf
2  import cv2
3  from chapter04 import mnist_model
4  def preHandle():
5        img = cv2.imread("first.jpg")
6        gray_image = cv2.cvtColor(img,cv2.COLOR_BGRA2GRAY)
7        img = cv2.resize(gray_image,(28,28))
8        pixels = []
```

```
9      h, w = img.shape
10     for i in range(h):
11         for j in range(w):
12             pixels.append((255 - img[i, j]) × 1.0 / 255.0)
13     print(img.shape)
14     return pixels
15 def recognize():
16     with tf.Graph().as_default() as g:
17         x = tf.placeholder(tf.float32, [None, mnist_model.INPUT_NODE],
 name="x-input")
18         y = mnist_model.forward(x, None)
19         saver = tf.train.Saver()
20         with tf.Session() as sess:
21             init=tf.global_variables_initializer()
22             sess.run(init)
23             result = preHandle()
24             # checkpoint 函数会自动找到最新模型的文件名
25             ckpt = tf.train.get_checkpoint_state("model/")
26             if ckpt and ckpt.model_checkpoint_path:
27                 saver.restore(sess, ckpt.model_checkpoint_path)
28                 prediction = tf.argmax(y, 1)
29                 predint = prediction.eval(feed_dict={x: [result]},
 session=sess)
30                 print("result :", predint[0])
31                 return (predint[0])
32             else:
33                 print("no model found")
34                 return
35 if __name__ == '__main__':
36     recognize()
```

第 1～3 行代码：分别导入 tensorflow 类库、cv2 类库以及自定义的手写字识别模型文件 mnist_model。

第 4～14 行代码：定义函数 preHandle()，用于对图像进行预处理。

第 5 行代码：利用 cv2 读取当前目录的一幅图像。

第 6 行代码：将该图像转换为灰度的形式。

第 7 行代码：将该图片转换为 28×28 分辨率大小。

第 8～12 行代码：循环每一个像素点，将该像素点的值归一化为 [0，1] 区间，便于送入神经网络计算。

第 16 行代码：获得一个默认的计算图，所有的节点在该计算图中计算。

第 17 行代码：声明输入数据的占位符。

第 18 行代码：向前传播，计算输入数据的输出值。

第 19 行代码：获得 saver 对象，用来恢复模型。

第 25～33 行代码：加载本地 model 目录下的模型文件，并判断模型文件是否存在，如果存在，则加载并恢复模型；否则打印模型不存在的错误信息。

第 28 行代码：获取通过神经网络计算的实际输出。

第 29 行代码：向神经网络中喂入数据，获得输出。

4.4 本章小结

本章主要阐述了如何利用 MNIST 数据集使用全连接神经网络识别手写字，并分别通过验证集和自己定义的图片验证模型识别的正确性。

MNIST 数据集是一个专门识别手写字模型而构建的数据集，在这个数据集中包含 60000 张图片作为训练数据，10000 张图片作为测试数据，每张图片用 28××28 的矩阵表示，每张图片都有一个标签，代表该图片的数字是几，表示称为独热的形式。

MNIST 手写字模型是一个含有 3 层的神经网络模型 ，输入层有 784 个节点，隐藏层有 500 个节点，输出层有 10 个节点，最终通过 softmax() 将其转换为符合概率分布的表示形式，从而得到输出属于某个类的概率。

对模型的验证有两种形式：（1）利用验证集的数据，读取模型进行验证；（2）通过自己制作符合 MNIST 模型的图片，测试模型的正确率。

4.5 本章习题

1. 选择题

（1）MNIST 数据集含有测试集、训练集和验证集。其中，测试集包含的图片数量是（　　）张。

A．10000　　B．60000　　C．55000　　D．5000

（2）MNIST 数据集中，图片的分辨率为（　　）。

A．32×32　　B．28×28　　C．64×64　　D．48×48

（3）MNIST 数据集中的标签标示为 one-hot 形式，下列属于标签 3 的独热形式的是（　　）。

A．[0 0 0 0 0 0 0 0 0 1]　　B．[0 0 0 0 0 1 0 0 0 1]

C．[0 0 0 1 0 0 0 0 0 0]　　D．[0 1 0 0 0 0 0 0 0 1]

（4）构建 MNIST 全连接神经网络模型识别手写字的过程中，输入层节点的个数是（　　）个。

A．784　　B．1024　　C．512　　D．以上都不是

（5）构建 MNIST 全连接神经网络模型识别手写字的过程中，隐藏层节点的个数是（　　）个。

A．784　　B．500　　C．512　　D．以上都不是

（6）构建 MNIST 全连接神经网络模型识别手写字的过程中，输出层节点的个数是（　　）个。

A．20　　B.30　　C.10　　D.以上都不是

2. 填空题

（1）在 MNIST 手写字识别模型中，标签用____________表示。

（2）数字 5 用独热表示的形式为______________。

（3）训练集样本的形状为________________。

（4）测试集样本的形状为________________。

（5）验证集样本的形状为________________。

3. 判断题

（1）训练集数据样本的形状为（55000,784）。（　　）

（2）验证集数据样本的形状为（10000,784）。（　　）

（3）MNIST 全连接神经网络模型一共有 3 层，即输入层、隐藏层和输出层。（　　）

4. 简答题

（1）简述 MNIST 数据集的特性。

（2）简述 MNIST 模型各层的参数。

（3）简述正则化在 MNIST 模型中的作用。

（4）计算全连接 MNIST 手写字识别模型总共参数的个数。

5. 编程题

修改模型相关参数，重新训练模型 100000 轮，再在验证集和自定义的图片上验证，看看准确率有何变化。

任务 5　LeNet-5 模型识别手写字

本章内容

针对全连接神经网络参数过多，难以训练的问题，本章将介绍卷积神经网络模型，首先阐述卷积与池化的物理含义，然后将通过案例对多通道、多卷积核以及 DropOut 等机制进行演示，最后基于手写字数据集构建 LeNet-5 卷积神经网络模型，从而提高网络识别的准确性。

知识图谱

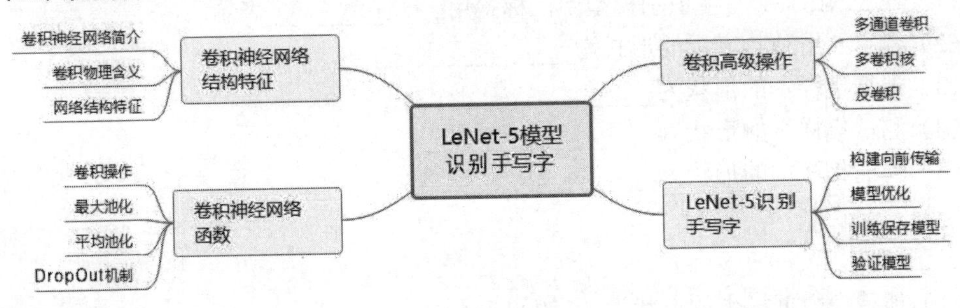

重点难点

重点：理解卷积神经网络的运行机制、卷积和池化的物理含义。

难点：多通道、多卷积核卷积；DropOut 机制。

5.1　卷积神经网络结构特征

5.1.1　卷积神经网络简介

全连接神经网络中的每个输入节点的信息都会被传播到其后的任何一个节点中去，最大限度地保证网络的每个节点对输出都有不同程度的贡献。不过它的缺点也非常明显，由于整个网络采用的是全连接的形式，使网络需要训练参数太多，导致难以训练较优的网络模型。例如 MNIST 数据集，每张图片的尺寸为 28×28×1，其中 28×28 是图片的分辨率，1 表示该图片只有一个通道（即图片是黑白图片）。假设隐藏的节点数是 500，那么第一个全连接层的参数个数为 784×500+500 =392500 个，过多的参数使得训练过程需要更新的参数非常多，整个网络训练的收敛会非常慢。对于图像识别这种输入像素动辄数百万维度（以像素为单位）的分类处理，就会变得不可行，因为根本找不到能满足计算需要的处理器。所以，需要一个更合理的网络结构来减少神经网络的参数。

20 世纪 60 年代，两位神经生物学家 Hubel 和 Wiesel 通过对猫的视觉皮层的研究发现，猫的视觉皮层里有简单细胞（Simple Cells）和复杂细胞（Complex Cells）两种结构。这两种结构有一个特点，就是每个细胞只对特定方向的图有刺激反应，也就是说，这些细胞是有方向选择的。这两种细胞的主要区别在于简单细胞对应的视网膜上的光感受细胞所在的区域很小，而复杂系统则对应更大的区域，这个区域被称为感受野（Receptive Field）。基于此，提出了卷积神经网络（Convolutional Neural Network，CNN）的概念，该概念的结构可以简化表示为如图 5-1 所示。1981 年日本科学家 Kunihiko Fukushima（福岛邦彦）通过计算模拟提出神经认知机（Neocognitron）的网络结构，如图 5-1 所示，该网络结果用卷积层来模拟人脑对特定图案的响应，用池化层来模拟人眼的感受视野。随后许多科学家基于这种模式进行了改进。

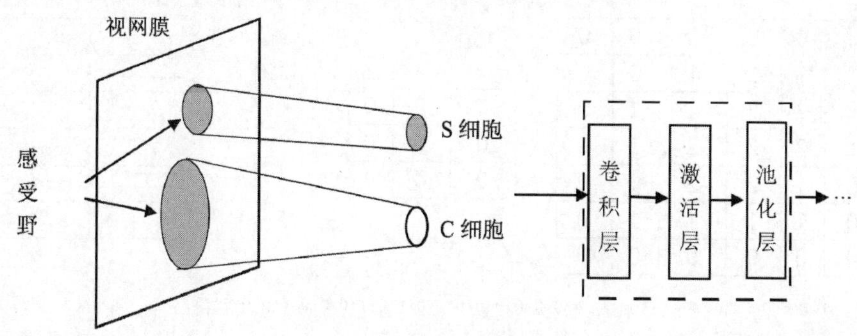

图 5-1　感受野与卷积结构

卷积神经网络的结构，与人脑对视觉信息分层处理的特性是类似的。例如，当人眼观察一个气球时，首先从原始信号摄入开始（由瞳孔摄入像素），接着做初步处理（大脑皮层某些细胞发现边缘和方向），然后抽象（大脑判定眼前物体的形状是圆形），然后进一步抽象（大脑进一步判定该物体是只气球）。其抽象过程如图 5-2 所示。

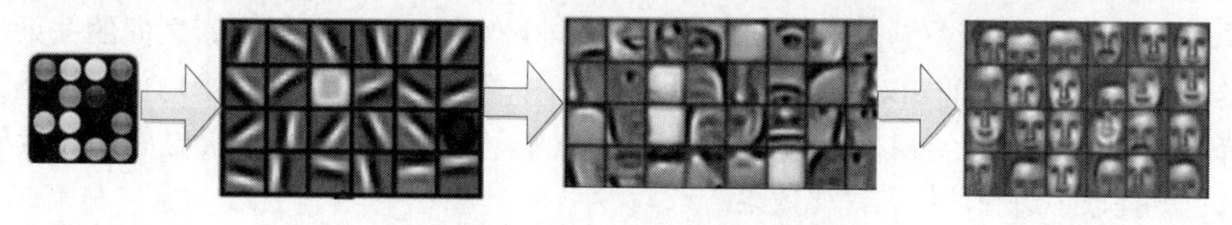

图 5-2　人眼对物体的抽象过程

20 世纪 90 年代，LeCun 等人发表论文，确立了卷积神经网络的现代结构，后来又对其进行完善，设计了一种多层的人工神经网络，取名叫作 LeNet-5，可以对手写数字进行分类。目前，卷积神经网络已经成为众多科学领域研究的热点之一，特别是图像分类与目标检测领域，由于该网络避免了图像复杂的前期预处理，可以直接输入原始图像，因此得到了非常广泛的应用。

5.1.2 卷积物理含义

卷积原本是一种积分变换的数学方法，通过两个函数 f 和 g 生成第 3 个函数的算子。在图像处理领域，卷积是图像处理的一种常用线性滤波方法，使用卷积可以达到图像降噪、锐化等滤波效果。

图像的卷积过程并不复杂，简单来说，就是对图片中的每一个像素点，计算它的邻域像素和卷积核矩阵对应位置元素的乘积，然后将所有乘积累加，作为该像素位置的输出值。卷积过程如图 5-3 所示。

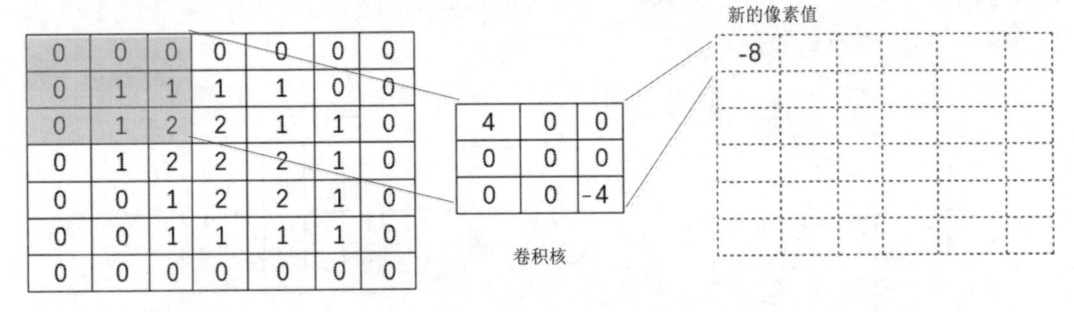

图 5-3　图像卷积过程

图 5-3 描述一幅 5×5 的图片，总共 25 个像素点，在周围填充值为 0 的像素点，卷积核的大小是 3×3。那么对原像素矩阵的像素点进行卷积，卷积的计算过程可以表示为：

$$4\times0+0\times0+0\times0+0\times0+0\times1+0\times1+0\times0+0\times1+(-4)\times2=-8$$

卷积核依次滑过图片中每一个像素位置，就可以输出一张新图片。从图 5-3 可以看出，卷积核就是一个权值矩阵，表示如何处理单个像素与周围邻域像素之间的关系。如果卷积核中各个元素的相对差值较小，相当于每个像素与周围像素取平均值，就得到模糊降噪的效果；如果卷积核元素之间的差值较大，就拉大了每个像素与周围像素的差距，也就提取了边缘，达到锐化效果。

在实际应用过程中，卷积核矩阵的尺寸一般都比较小，主要是因为卷积核的尺寸与计算量成正比，卷积核过大，会使整个计算工作量成倍增加。在图像处理过程中，使用不同的卷积核卷积后图像会呈现出不同的效果，从而提取不同的图像特征。

下面用两个不同的卷积核分别对图片进行卷积处理，代码如下（代码位置：chapter05/ filter_demo.py）。

```
1  import cv2
2  import numpy as np
3  image = cv2.imread("flower.jpg")
4  kernel = np.array([[1,4,7,4,1],
   [4,16,26,16,4],
   [7,26,41,26,7],
   [1,4,7,4,1]])/273.0
5  blur = cv2.filter2D(image,-1,kernel)
6  cv2.imshow("blur demo",blur)
7  kernel2 = np.array([[0,-2,0],
   [-2,9,-2],
   [0,-2,0]])
8  sharpen =cv2.filter2D(image,-1,kernel2)
9  cv2.imshow("sharpen demo",sharpen)
10 cv2.waitKey(0)
11 cv2.destroyAllWindows()
```

第 1～2 代码：导入 OpenCV 图像处理类库和 numpy 矩阵处理类库。

第 3 行代码：使用 OpenCV 读取图像文件（当前项目下的 flower.jpg 文件）。

第 4～5 行代码：声明卷积核，卷积核的大小为 4×4，使用该卷积核对图像进行卷积。卷积核之间的差值较小，因此起到模糊图像的效果。

第 7～8 行代码：声明卷积核，卷积核的大小为 3×3，使用该卷积并对图像进行卷积。由于卷积核之间的差值较大，因此起到锐化图像边缘的效果。

第 9～11 行代码：分别显示卷积后的效果。

运行程序，不同卷积后的效果如图 5-4 和图 5-5 所示。

图 5-4　图像模糊效果

图 5-5　图像锐化效果

5.1.3　网络结构特征

与全连接神经网络类似，卷积神经网络也是将计算节点一层一层组织起来的，但与全连接神经网络不同的是，相邻两层之间只有部分节点相连。在卷积神经网络的前几层中，每层的节点都被组织成一个三维矩阵，前几层中每个节点只和上一层中部分节点相连。一个典型的卷积神经网络的结构一般由 5 层组成，如图 5-6 所示。

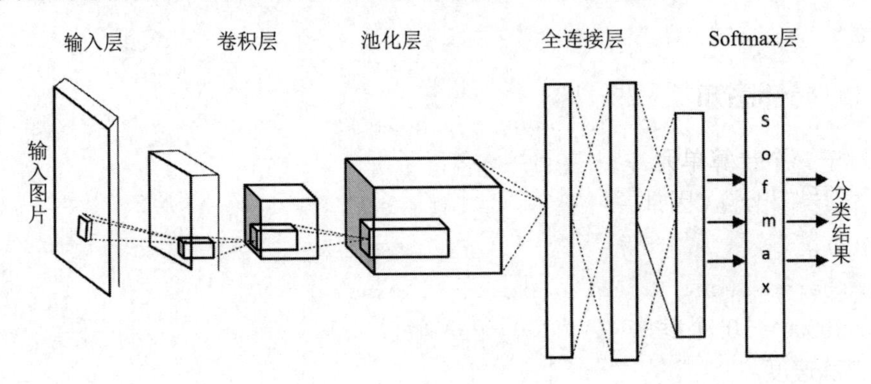

图 5-6　卷积神经网络结构

1. 输入层

与全连接网络类似，输入层接受整个神经网络的输入。在处理图像的卷积神经网络中，它一般代表一幅图片像素的三维矩阵，其长和宽分别代表图像的大小，深度代表图像的颜色通道数目。例如黑白图片的深度为 1，而在 RGB 模式下，图像的深度为 3。

2. 卷积层

卷积层是整个神经网络的核心，与全连接网络有着本质区别。卷积层中的每一个节点的输入都只是上一层神经网络的一小块，大小为 3×3、5×5 或 7×7 卷积核。通过层层卷积，将原始图像抽象为更高级别的特征，用于目标检测或特征识别。

3. 池化层

池化层的主要作用是将一张高分辨率的图片转换为低分辨率的图片，从而达到减少整个神经网络参数的目的。

4. 全连接层

通过若干轮的卷积与池化操作之后，可以认为图像中的信息已经被抽象成为信息含量更高的特征，在特征提取完成之后，仍然需要使用全连接层来完成分类任务。

5. Softmax 层

与全连接神经网络类似，Softmax 层主要用于解决分类问题。通过 Softmax 层，可以得到当前样例属于不同种类的概率分布情况。

从网络结构来看，卷积神经网络与全连接网络有 3 点不同：局部感知、权值共享和多层卷积。

1. 局部感知

对于一个计算单元来说，只需要考虑其像素位置附近的输入，而不需要与上一层所有的节点都相连，因此局部感知可以大大减少参数的数量（见图 5-7）。例如有一个 100×100 分辨率大小的图像，在计算中将该图像表示为一个 100×100 = 10000 大小的向量，假如只有一个隐藏层，并且神经元数量与输入层数目相同，那么光从输入层到隐藏层就有 $10000\times10000=10^8$ 个参数。如果使用 3×3 的卷积核，那么参数数量大为减少，从而提升网络的训练速度。

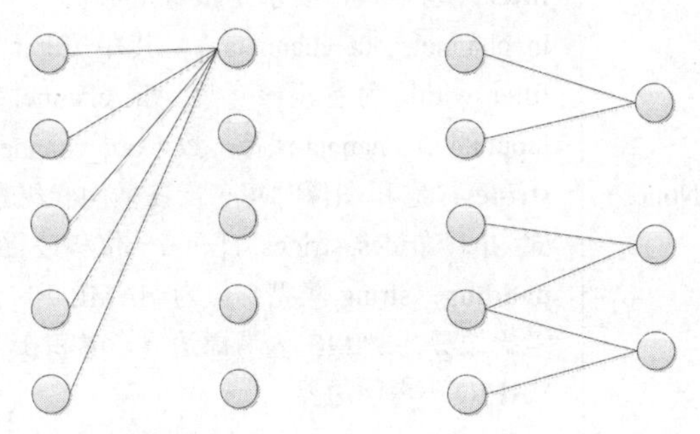

图 5-7　全局感知与局部感知

2. 权值共享

在对一张图片进行卷积操作时，使用同一个卷积核逐一滑过图片中的每个像素，图像的每一个像素点共用一个卷积核，即每个像素点卷积操作使用的参数权值相等。

3. 多层卷积

在实际应用中，往往使用多层卷积，然后再使用全连接层进行训练。这是因为一层卷积学到的特征往往是局部的，卷积层数越高，学到的特征就越全局化。

5.2　卷积神经网络函数

5.2.1　卷积操作

卷积操作实际上是利用卷积核在图像中滑过每个像素点，生成一幅新图像，在卷积神经网络中，生成的新图像被称为特征图。TensorFlow 中，函数 tf.nn.conv2d() 用于实现卷积操作，其函数语法格式如表 5-1 所示。

表 5-1　TensorFlow 卷积操作

函　数	说　明
tf.nn.conv2d(input, filter, strides, padding, use_cudnn_on_gpu=None, data_format=None, name=None)	对图像进行卷积操作，返回生成的特征图。 **input**：输入的待卷积图片，要求符合张量形式，形状为 [batch, in_height, in_width, in_channel]，其中 batch 为图片的数量，in_height 为图片高度，in_ width 为图片宽度，in_channel 为图片通道数。灰度图，in_channel 值为 1；彩色图，该值为 3。 **filter**：卷积核，要求是张量，形状为 [filter_height, filter_width, in_channel, out_channels]，其中 filter_height 为卷积核高度，filter_width 为卷积核宽度，in_channel 是图像通道数，需要和 input 的 in_channel 保持一致，out_channel 是卷积核数量。 **strides**：卷积图像时每一次在横向和纵向上滑过几个像素点，形式为[1, strides, strides, 1]，第一位和最后一位固定必须是 1。 **padding**：string 类型，值为 SAME 和 VALID，设置卷积时是否考虑边界。SAME 为考虑边界，卷积操作时在图像周围填充 0；VALID 不考虑边界。 **use_cudnn_on_gpu**：bool 类型，是否使用 cudnn 加速，默认为 True

在使用卷积核对前一层输入的数据进行扫描的时候，有两个参数需要特别注意，一个是 padding（填充），一个是 strides（步长）。

padding 指用多少个像素来填充输入图像的边界。如图 5-8 所示，在图像的四周区域用 0 进行了填充，这样做的目的有以下两个。

- 保持图像的边界信息：在用卷积核扫描图像的过程中，中间的像素会扫描多遍，而边缘像素只会扫描一遍。padding 填充 0 以后，在一定程度上可以解决这个问题，保证边缘像素点也可以被滑过多次。
- 保证卷积后的图像尺寸不变：使用 padding 填充 0，卷积前后图像分辨率不发生变化，以免频繁调整卷积核的大小以及池化层的工作模式，增加网络的复杂性。图 5-8 展示的是使用 3×3 大小的卷积核对原始图像进行卷积的过程。当 padding=VALID 时，直接从矩阵左上角开始滑动，刚好原始图像覆盖到了矩阵右下角，卷积后生成包含 1 个像素的特征图；padding=SAME 时，先在周围补 0，即左上和右下各补一圈即可，最后再从补 0 后的矩阵的左上角开始滑动，直到右下角，卷积后生成的特征图与原始图片大小一致。

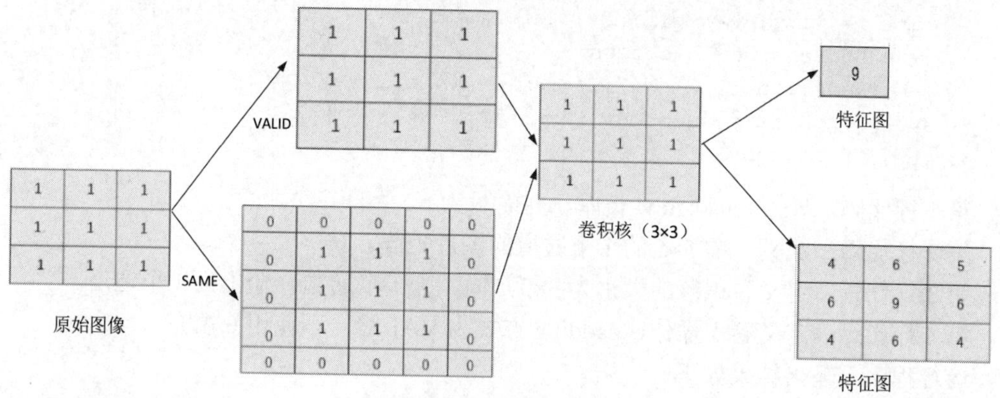

图 5-8　填充和不填充卷积

strides 表示在卷积过程中，每次滑动的像素的个数。在实际工作过程中，strides=1 代表每次滑动 1 个单位的像素；strides=2 表示每次滑动 2 个像素值。如图 5-9 所示大小为 3×3 的图片矩阵作为神经网络的输入，现在用 2×2 大小的卷积核进行卷积，卷积过程中的横向步长和纵向步长为 2。当 padding=VALID 时，直接从矩阵左上角开始滑动，没有到达矩阵右下角，卷积就结束了，剩余的将直接舍弃掉；padding=SAME 时，先在周围补 0，然后再从补 0 后的矩阵的左上角开始滑动，直到右下角，步长为 2，卷积后图像的分辨率为 2×2。

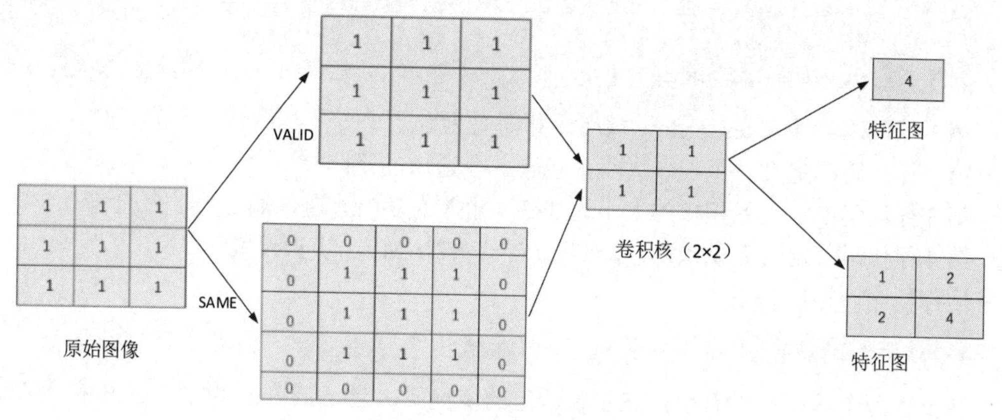

图 5-9　设定步长的卷积效果

下面通过手动生成一个 5×5 的矩阵来模拟图片，定义一个卷积核，不使用 0 填充的方式进行卷积，代码如下（代码位置：chapter05/invalid_conv.py）。

```
1  import tensorflow as tf
2  input = tf.Variable(tf.random_normal([1, 5, 5, 1]))
3  filter = tf.Variable(tf.random_normal([3, 3, 1, 1]))
4  result = tf.nn.conv2d(input, filter, strides=[1, 1, 1, 1], padding='VALID')
5  with tf.Session() as sess:
6      sess.run(tf.global_variables_initializer())
7      convResult=sess.run(result)
8      print(convResult.shape)
```

第 1 行代码：导入 tensorflow 类库，并简写为 tf。

第 2 行代码：定义一幅 5×5 的 1 个通道的图片矩阵。

第 3 行代码：定义卷积核的大小为 3×3，输入为 1 个通道，输出为 1 个通道。

第 4 行代码：定义卷积操作，padding 方式为 VALID，不使用 0 填充。

运行程序，输出结果如下。

```
(1, 3, 3, 1)
```

修改上述代码，将卷积方式修改为使用 0 填充，将输入通道数修改为 3，代码如下（代码位置：chapter05/same_conv.py）。

```
1  import tensorflow as tf
2  input = tf.Variable(tf.random_normal([1, 5, 5, 3]))
3  filter = tf.Variable(tf.random_normal([3, 3, 3, 1]))
4  result = tf.nn.conv2d(input, filter, strides=[1, 1, 1, 1], padding='SAME')
5  with tf.Session() as sess:
6      sess.run(tf.initialize_all_variables())
7      res = sess.run(result)
8      print(res.shape)
```

第 1 行代码：导入 tensorflow 类库，并简写为 tf。

第 2 行代码：定义一个 5×5 大小，包含 3 个通道的矩阵。

第 3 行代码：定义卷积核的大小为 3×3，输入为 3 个通道，输出为 1 个通道。

第 4 行代码：定义卷积操作，padding 方式为 SAME，步长设置为 1。

运行程序，输出如下。

```
(1, 5, 5, 1)
```

从上述两个程序可以看出，在步长一定的情况下，当 padding 使用 SAME 和 VALID 时，输出特征图的尺寸大小不同。在 tf.nn.conv2d()中，当 padding 为 VALID 时，图像输出的宽和高为（结果向上取整）：

```
out_width = ceil ( float ( in_width - filter_width + 1 ) / strides_ width) )
out_height = ceil( float ( in_height - filter_height + 1 ) /strides_height ) )
```

当 padding 为 SAME 时，图像输出的宽和高与卷积核没有关系，只与步长有关系，图像输出的宽和高为（结果向上取整）：

```
out_width  = ceil ( float ( in_width ) / strides_ width) )
out_height =  ceil( float ( in_height ) /strides_height ) )
```

下面输入一个 57×57 的 3 通道的图片，通过卷积操作提取物体的轮廓，并可视化卷积结果。代码如下（代码位置：chapter05/ visualization_conv.py）。

```
1  import cv2
2  import tensorflow as tf
3  import numpy as np
4  image = cv2.imread("bird.jpg")
5  input_image = np.reshape(image,[1,57,57,3])
6  input = tf.Variable(tf.random_normal([1, 57, 57, 3]))
7  filter = tf.Variable(tf.constant([[-1.0,-1.0,-1.0], [0,0,0], [1.0,1.0,1.0],
   [-2.0,-2.0,-2.0], [0,0,0], [2.0,2.0,2.0],[-1.0,-1.0,-1.0], [0,0,0], [1.0,1.0,1.0]],
   hape = [3, 3, 3, 1]))
8  op = tf.nn.conv2d(input,filter,strides=[1,1,1,1],padding="SAME")
9  with tf.Session() as sess:
10     sess.run(tf.global_variables_initializer())
11     result=sess.run(op,feed_dict={input:input_image})
12     result_image = np.reshape(result,[57,57])
13     cv2.imshow("convImage",result_image)
14     cv2.imshow("image",image)
15     cv2.waitKey(0)
16     cv2.destroyAllWindows()
```

第 1～3 行代码：导入 cv2、tensorflow 以及 numpy 类库。

第 4 行代码，通过 cv2.imread()读取一幅分辨率为 57×57 的图片，该图片含有 3 个通道。

第 5 行代码：把图片转置成符合网络喂入的格式，形式为[batch_size,in_height,in_width, in_channel]。

第 6 行代码：定义喂入卷积神经网络中的数据格式。

第 7 行代码：定义卷积核的大小，为 3×3，输入通道为 3，输出通道为 1。

第 8 行代码：定义卷积操作，在卷积中 padding 使用的是 0 填充，步长为 1，所以输出图像的尺寸不会发生变化。

第 9～10 行代码：创建会话，使用上下文管理器管理会话，在会话中初始化全局变量。

第 11 行代码：向卷积操作中喂入图片数据，获得卷积结果。

第 12 行代码：将卷积后的张量转成矩阵形式，通过 cv2.imshow()显示出来。

输出的原图和卷积后的图如图 5-10 所示。

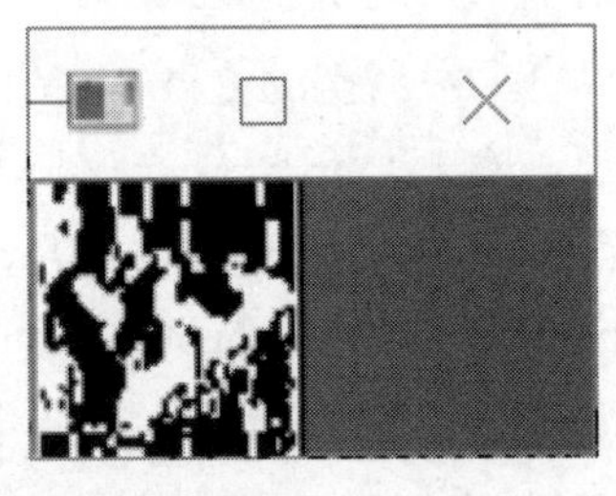

图 5-10　原图和卷积后的特征图

5.2.2　池化操作

在通过卷积层提取特征以后，得到了比原始像素级更高的图像特征，且每一组卷积核都生成了一幅与原图像素相同大小的特征图。不仅如此，为了提取多种特征，多卷积核还会使得通道数比之前更多，从而使提取的特征维度更高。

池化操作是将图像按窗口大小分为不重叠的区域，然后对每一个区域内的元素进行聚合。池化的池化核一般采用 2×2 的窗口大小，常用的池化方法有两种：最大池化和平均池化。

最大池化操作的具体步骤是：将整个图片不重叠地分割成若干个同样大小的小块，每个小块内只取最大的像素值，并舍弃其他像素点，从而得出池化结果。在池化操作之后，原始特征图的通道不变。最大池化的原理如图 5-11 所示。

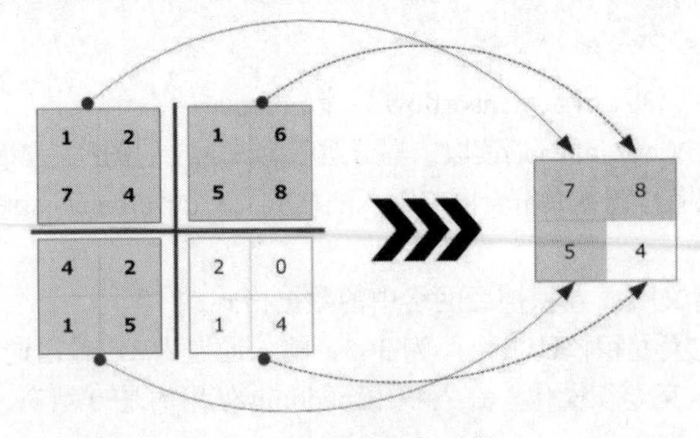

图 5-11　最大池化原理

平均池化具体操作过程是：将整个图片不重叠地分割成若干个同样大小的小块，每个小块内的像素与对应的池化窗口乘积后取平均值，得到的结果作为该块的输出结果。平均池化的原理如图 5-12 所示。

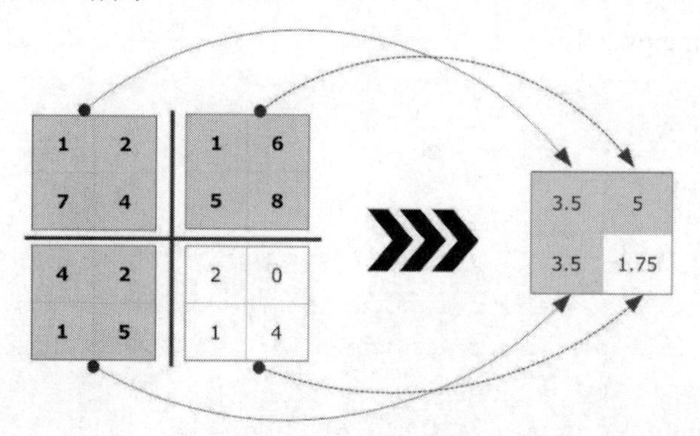

图 5-12　平均池化原理

卷积与池化组合在一起，为卷积神经网络加入了很强的先验知识，就是强调图片局部的连续性和相关性，同时保持平移不变性。对于图像识别来说，这样的先验知识极为有效。

在 TenorFlow 中，使用 tf.nn.max_pool()和 tf.nn.avg_pool()两个函数来实现池化操作，其基本格式如表 5-2 所示。

表 5-2 TensorFlow 池化函数

函　数	说　明
tf.nn.max_pool(value, ksize, strides, padding, name=None)	对特征图进行最大池化操作，返回池化后的特征图。 **value**：需要池化的输入，一般池化层接在卷积层后面，形状是[batch, height, width, channels]。 **ksize**：池化窗口的大小。取一个四维向量[1, height, width, 1]，因为不想在 batch 和 channels 上做池化，所以这两个维度设为 1。 **strides**：和卷积类似，表示窗口在每个维度上滑动的步长，一般是[1, stride,stride, 1]。 **padding**：和卷积类似，可以取 VALID 或 SAME。 **name**：池化节点的变量名称
tf.nn.avg_pool(value, ksize, strides,padding, name=None)	

与卷积类似，池化后图片大小计算如下：假设图像的宽和高为 in_width 和 in_height，卷积核的大小为 filter_width 和 filter_length，则池化后图像输出的宽和高为（结果向上取整）：

```
out_width = ceil ( float ( in_width -filter_width) / strides_ width) +1)
out_height =  ceil( float ( in_height -filter_length) /strides_height ) +1)
```

如下程序读取一幅图片，通过最大池化操作，降低图像的分辨率（代码位置：chapter05/ max_pooling.py）。

```
1  import cv2
2  import tensorflow as tf
3  import numpy as np
4  img = cv2.imread("second.jpg")
5  image_input = np.reshape(img,[1,255,225,3])
6  input_x = tf.Variable(tf.random_normal([1, 255, 225, 3]))
7  pool  = tf.nn.max_pool(input_x,ksize=[1,2,2,1],strides=[1,2,2,1],padding="SAME")
8  with tf.Session() as sess:
9       sess.run(tf.global_variables_initializer())
10      result =sess.run(pool,feed_dict={input_x:image_input})
11      result_image = np.reshape(result, [128, 113, 3])
12      cv2.imshow("result_image", result_image)
13      cv2.waitKey(0)
14      cv2.destroyAllWindows()
```

第1～3行代码：导入cv2、tensorflow以及numpy类库。

第4行代码：通过cv2.imread()读取图片。

第5行代码：将图片变换为[batch_size,in_height,in_width,in_channel]的形式。

第6行代码：声明变量input_x，用于将会话中image_input的值传入到input_x中。

第7行代码：最大池化操作，池化窗口的大小为2×2，横向和纵向步长都为2，池化后，该图片的尺寸缩小一半，通道数不变。

第9行代码：在会话中初始化所有的变量。

第10行代码：向模型中喂入数据。

第11行代码：池化后的图片大小为128×113，池化后的大小只与步长有关。

第12行代码：显示池化后的图片。

以下代码模拟了一个图片矩阵，通过平均池化降低图片的分辨率（代码位置：chapter05/avg_pooling）。

```
1  import tensorflow as tf
2  a = tf.constant([
      [[1.0, 2.0, 3.0, 4.0],
       [5.0, 6.0, 7.0, 8.0],
```

```
        [8.0, 7.0, 6.0, 5.0],
        [4.0, 3.0, 2.0, 1.0]],
       [[4.0, 3.0, 2.0, 1.0],
        [8.0, 7.0, 6.0, 5.0],
        [1.0, 2.0, 3.0, 4.0],
        [5.0, 6.0, 7.0, 8.0]]
  ])
3  image = tf.reshape(a, [1, 4, 4, 2])
4  pooling = tf.nn.avg_pool(image, [1, 2, 2, 1], [1, 1, 1, 1], padding='VALID')
5  init_op = tf.global_variables_initializer()
6  with tf.Session() as sess:
7      sess.run(init_op)
8      print("image:",sess.run(image))
9      result = sess.run(pooling)
10     print("result:",result)
```

第 2 行代码：声明一个包含 32 个元素的数组。

第 3 行代码：将数组的形状变换为[4,4,2]的形式。

第 4 行代码：调用平均池化函数，池化窗口大小为 2×2。

第 8 行代码：输出形状变换后的矩阵的值。

第 9 行代码：输出平均池化后的值。

运行程序，输出结果如下。

```
image: [[[[1. 2.]
   [3. 4.]
   [5. 6.]
   [7. 8.]]
   [[8. 7.]
   [6. 5.]
   [4. 3.]
   [2. 1.]]
   [[4. 3.]
   [2. 1.]
   [8. 7.]
   [6. 5.]]
   [[1. 2.]
   [3. 4.]
   [5. 6.]
   [7. 8.]]]]
```

```
result: [[[[4.5 4.5]
   [4.5 4.5]
   [4.5 4.5]]
   [[5.  4. ]
   [5.  4. ]
   [5.  4. ]]
   [[2.5 2.5]
   [4.5 4.5]
   [6.5 6.5]]]]
```

5.2.3 DropOut 机制

在深度学习模型中，如果参数太多，训练样本太少，训练出来的模型很容易产生过拟合的现象。过拟合具体表现在：模型在训练数据上损失函数较小，预测准确率较高；但是在测试数据上损失函数比较大，预测准确率较低。

DropOut 是深度学习领域泰斗级的科学家，多伦多大学的 Hinton 教授提出的防止过拟合的技术。具体来说，就是在每一轮训练过程中，随机让一部分隐藏节点失效，这样就达到了改变网络结构的目的，且这些节点的权值都会保留下来。在最终预测时，打开全部隐藏层节点，使用完整的网络进行计算，相当于把多个不同结构的网络结合在一起。DropOut 机制如图 5-13 所示。

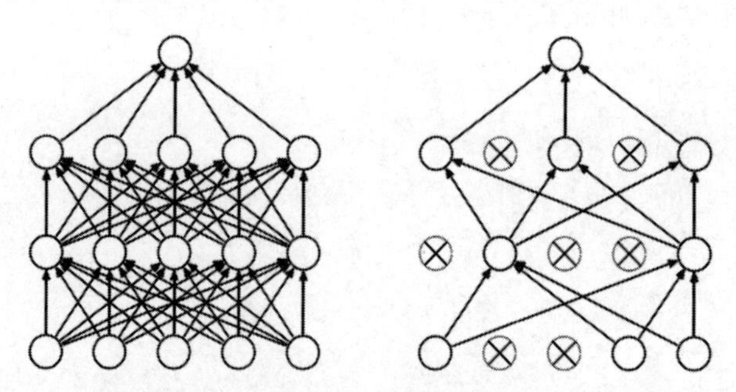

图 5-13　全连接与 DropOut 机制的网络结构

图 5-13 中，隐藏层节点是随机失效的，所以 n 个隐藏层节点在理论上可以产生 $2n$ 个不同的网络结构。由于不能保证每两个隐含节点每次都同时出现，因此就削弱了节点间的联合适应性，使得权值的更新不再依赖于有固定关系的隐含节点的共同作用，增强了泛化能力。

TensorFlow 提供了 DropOut 机制的实现函数，其函数形式如表 5-3 所示。

表 5-3　tf.nn.dropout()函数

函　数	说　明
tf.nn.dropout(x, keep_prob, noise_shape=None, seed=None, name=None)	使得部分神经元随机为 0 不参与训练，增强模型预测的泛化性。 **x**：输入的浮点型的 Tensor。 **keep_prob**：任何一个给定单元的留存率。 **noise_shape**：可以使得矩阵 x 一部分行全为 0 或者部分列全为 0。 **seed**：随机种子，如果指定随机种子，则每次丢弃的节点固定

以下代码演示了 DropOut 机制在 TensorFlow 中的应用（代码位置：chapter05/dropout_demo.py）。

```
1  import tensorflow as tf
2  result = tf.to_float(tf.reshape(tf.range(1, 17), [4, 4]))
3  with tf.Session() as sess:
4      sess.run(tf.global_variables_initializer())
5      print(sess.run(tf.shape(result)))
6      dropout1 = tf.nn.dropout(result, 0.5, noise_shape=None)
7      dropout1_result = sess.run(dropout1)
8      print(dropout1_result)
9      dropout2 = tf.nn.dropout(result, 0.5, noise_shape=[4, 1])
10     dropout2_result = sess.run(dropout2)
11     print(dropout2_result)
12     dropout3 = tf.nn.dropout(result, 0.5, noise_shape=[1, 4])
13     dropout3_result = sess.run(dropout3)
14     print(dropout3_result)
```

第 1 行代码：导入 tensorflow 类库。

第 2 行代码：tf.range(1, 17)产生 1～16 总共 16 个序列，通过 tf.reshape()将该序列转换为 4×4 的数组。

第 3～4 行代码：创建会话，使用上下文管理器管理会话，在会话中初始化全局变量。

第 5 行代码：在会话中打印 result 的形状。

第 6 行代码：每个以 50%的概率随机丢弃。

运行程序，输出结果如下。

```
[4 4]
[[ 2.  4.  6.  0.]
 [ 0.  0. 14.  0.]
 [ 0.  0. 22. 24.]
```

```
 [26.  0.  0.  0.]]

[[ 2.  4.  6.  8.]
 [10. 12. 14. 16.]
 [18. 20. 22. 24.]
 [ 0.  0.  0.  0.]]

[[ 2.  0.  0.  8.]
 [10.  0.  0. 16.]
 [18.  0.  0. 24.]
 [26.  0.  0. 32.]]
```

上述程序的输出可以看到，所有被设置成 0 的节点，在本轮计算中不参与计算。

5.3　卷积高级操作

5.3.1　多通道卷积

在深度学习中，无论是神经网络的原始输入，还是中间产生的特征图，通常都不是单一通道的二维图像，往往是由多个通道组成。例如一幅彩色图像通常是由红色、绿色和蓝色 3 个通道组成，分别代表了一幅彩色图像中红、绿和蓝 3 个不同通道的值。

一个图像矩阵经过一个卷积核的卷积操作后，得到了另一个矩阵，这个矩阵叫作特征映射（Feature Map）。每一个卷积核都可以提取特定的特征，不同的卷积核提取不同的特征。例如，对于一张人脸的图像，可以使用某一卷积核提取到眼睛的特征，用另一个卷积核提取嘴巴的特征，还可以使用其他的卷积核提取鼻子的特征等。

多数情况下，输入的图片是 RGB 3 个通道颜色组成的彩色图，输入的图片包含了红、绿、蓝 3 通道数据，卷积核的深度应该等于输入图片的通道数，所以使用 3×3×3 的卷积核，最后一个 3 表示匹配输入图像的 3 个通道，这样这个卷积核有 3 个通道，每层会随机生成 9 个待优化的参数，一共有 27 个待优化参数 w 和一个偏置 b。

如下程序描述了一幅 3 通道的图片经过卷积后的输出（代码位置：chapter05/mutl_channel_conv）。

```
1  import tensorflow as tf
2  input_x = tf.constant([
       [
           [[0.0, 1.0, 2.0],[1.0,1.0,0.0],[1.0,1.0,2.0],[2.0,2.0,0.0],[2.0,0.0,2.0]],
           [[0.0,0.0,0.0],[1.0,2.0,0.0],[1.0,1.0,1.0],[0.0,1.0,2.0],[0.0,2.0,1.0]],
```

```
            [[1.0,1.0,1.0],[1.0,2.0,0.0],[0.0,0.0,2.0],[1.0,0.0,2.0],[0.0,2.0,1.0]],
            [[1.0,0.0,2.0],[0.0,2.0,0.0],[1.0,1.0,2.0],[1.0,2.0,0.0],[1.0,1.0,0.0]],
            [[0.0,2.0,0.0],[2.0,0.0,0.0],[0.0,1.0,1.0],[1.0,2.0,1.0],[0.0,0.0,2.0]],
        ],
  ])
3 filters = tf.constant([
      [
          [[1.0,-1.0,0.0],[1.0,0.0,1.0],[-1.0,-1.0,0.0]],
          [[-1.0,0.0,1.0],[0.0,0.0,0.0],[1.0,-1.0,1.0]],
          [[-1.0,1.0,0.0],[-1.0,-1.0,-1.0],[0.0,0.0,1.0]],
      ],
  ])
4 bias = tf.constant(1.0,shape=[1])
5 filterinput = tf.reshape(filters, [3, 3, 3, 1])
6 result = tf.nn.conv2d(input_x, filterinput, strides=[1,2,2,1], padding=
  'SAME')+bias
7 with tf.Session() as sess:
8     print("shape",input_x.shape)
9     print(sess.run(result))
```

第 1 行代码：导入 tensorflow 类库，并简写为 tf。

第 2 行代码：定义输入数据的形式 [batch_size,input_height,input_width,input_channel]，该张量的形式为[1,5,5,3]。

第 3 行代码：定义卷积核的形式 [filter_height,filter_width,input_channel,output_channel]。

第 4 行代码：定义偏置项，初始值为 1.0。

第 6 行代码：进行卷积操作。

第 8 行代码：输出卷积结果，运行程序其输出如下。

```
shape (1, 5, 5, 3)
[[[[ 1.]
   [ 0.]
   [-3.]]
  [[-6.]
   [ 1.]
   [ 1.]]

  [[ 4.]
   [-3.]
   [ 1.]]]]
```

如图 5-14 所示为其卷积过程的描述。

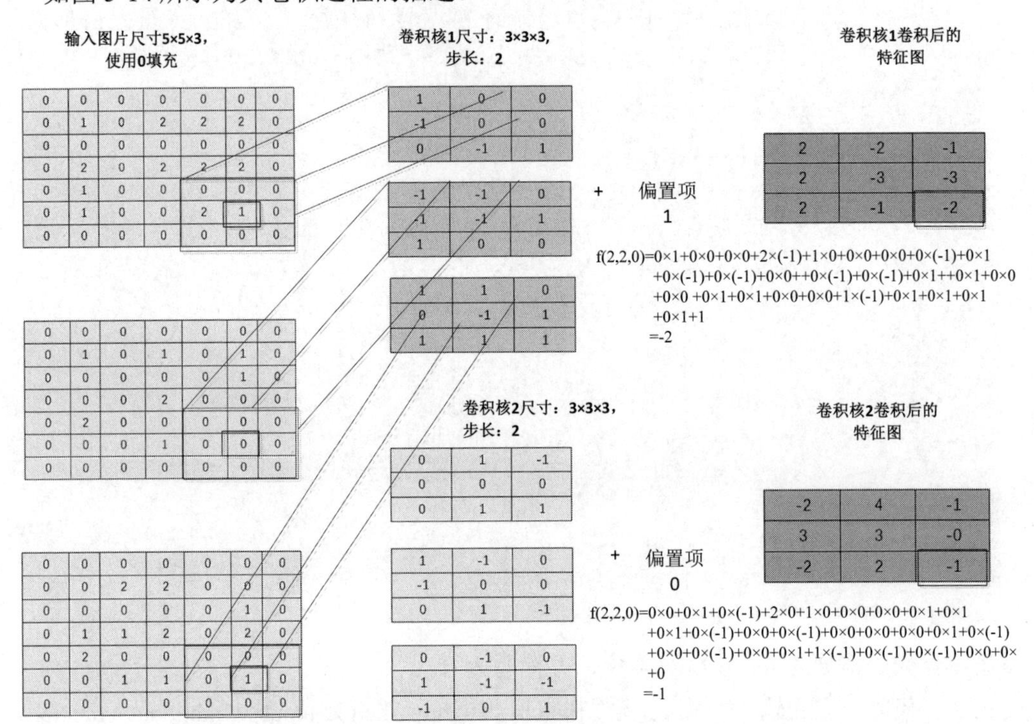

图 5-14　多通道多卷积核卷积过程

5.3.2　多卷积核

实际应用过程中，仅靠一个卷积核提取的特征通常是不充分的。可以根据需要设计多个卷积核，提取多个特征。如图 5-15 所示为通过两个卷积核提取 RGB 图像两个特征的操作。

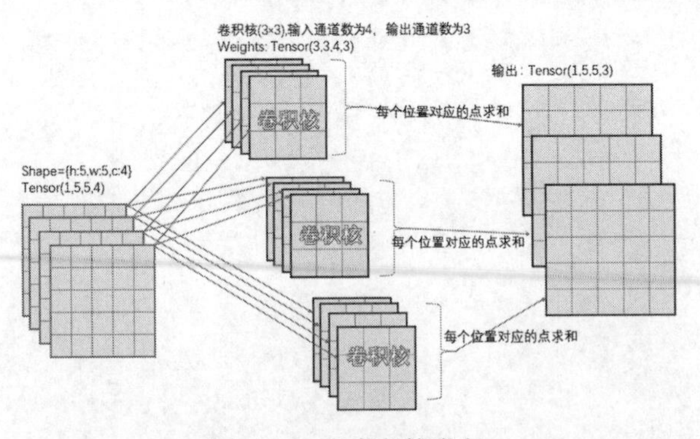

图 5-15　多卷积核卷积

以下代码描述了如何使用多个卷积核进行卷积操作（代码位置：chapter05/muti_conv_kernels.py）。

```
1  import tensorflow as tf
2  import numpy as np
3  x = tf.placeholder(tf.float32, shape=(1, 10, 10, 3))
4  filter1 = tf.get_variable("fiter1",shape=[3, 3, 3,
   16],dtype=tf.float32,initializer=tf.truncated_normal_initializer(stddev
   =0.1, dtype=tf.float32))
5  conv1 = tf.nn.conv2d(x, filter1, strides=[1, 1, 1, 1], padding='SAME')
6  filter2 = tf.get_variable("fiter2",shape=[5, 5, 3,
   32],dtype=tf.float32,initializer=tf.truncated_normal_initializer(std
   dev=0.1, dtype=tf.float32))
7  conv2 = tf.nn.conv2d(x, filter2, strides=[1, 1, 1, 1], padding='SAME')
8  filter3 = tf.get_variable("fiter3",shape=[7, 7, 3,
   64],dtype=tf.float32,initializer=tf.truncated_normal_initializer(stdd
   ev=0.1, dtype=tf.float32))
9  conv3 = tf.nn.conv2d(x, filter3, strides=[1, 1, 1, 1], padding='SAME')
10 init_op = tf.global_variables_initializer()
11 with tf.Session() as sess:
12      sess.run(init_op)
13      input = np.full((1, 10, 10, 3), 2)
14      sess.run(tf.global_variables_initializer())
15      conv1 = sess.run(conv1, feed_dict={x:input})
16      conv2 = sess.run(conv2, feed_dict={x: input})
17      conv3 = sess.run(conv3, feed_dict={x: input})
18      print("conv1",conv1.shape)
19      print("conv2", conv2.shape)
20      print("conv3", conv3.shape)
```

第 1～2 行代码：分别导入 tenorflow 和 numpy 类库。

第 3 行代码：声明占位符，其大小为 10×10，含有 3 个通道。

第 4～5 行代码：声明卷积核 filter1，大小为 3×3，输入为 3 个通道，输出为 16 个通道，卷积方式为 SNMAE，步长为 1，卷积图像大小不变。

第 6～7 行代码：声明卷积核 filter2，大小为 5×5，输入为 3 个通道，输出为 32 个通道，卷积方式为 SNMAE，步长为 1，卷积图像大小不变。

第 8 行代码：声明卷积核 filter2，大小为 7×7，输入为 3 个通道，输出为 64 个通道，卷积方式为 SNMAE，步长为 1，卷积图像大小不变。

第 10～20 行代码：在会话中进行运算，输出运算结果。

运行程序，输出卷积后的尺寸，其结果如下。

```
conv1 (1, 10, 10, 16)
conv2 (1, 10, 10, 32)
conv3 (1, 10, 10, 64)
```

5.3.3 反卷积

反卷积是指通过测量输出和已知输入，重构未知输入的过程。

在神经网络中，反卷积过程并不具备学习能力，多用于可视化一个已经训练好的卷积神经网络。对于一个复杂的深度卷积网络，通过每层若干个卷积核的变换，无法知道每个卷积核关注的是什么，变换后的特征是什么样子。通过反卷积的还原，可以对这些问题有个清晰可视的直观展示，以各层得到的特征图作为输入，进行反卷积得到反卷积结果，以验证显示各层提取到的特征图。

反卷积可以理解为卷积操作的逆操作，它仅仅是将卷积变换过程中的步骤反向变换一次而已，通过将卷积核转置，与卷积后的结果再做一遍卷积，所以它还有一个名字叫作转置卷积。反卷积的操作过程比较复杂，具体操作步骤如下。

（1）将卷积结果作为输入，做补 0 扩充操作，每个元素沿着步长方向补 0，补 0 的个数是根据步长来决定的，即补 0 的个数=步长−1。

（2）在扩充后的输入的基础上再对整体进行补 0。

（3）将补 0 之后的卷积结果作为真正的输入，与卷积核进行步长为 1 的卷积操作。

（4）根据输出的结果进行合适的裁剪。

图 5-16 展示了一个[1,3,3,1]的矩阵，使用卷积核大小为 2×2，步长为 2×2 的矩阵卷积操作，其对应的反卷积过程。

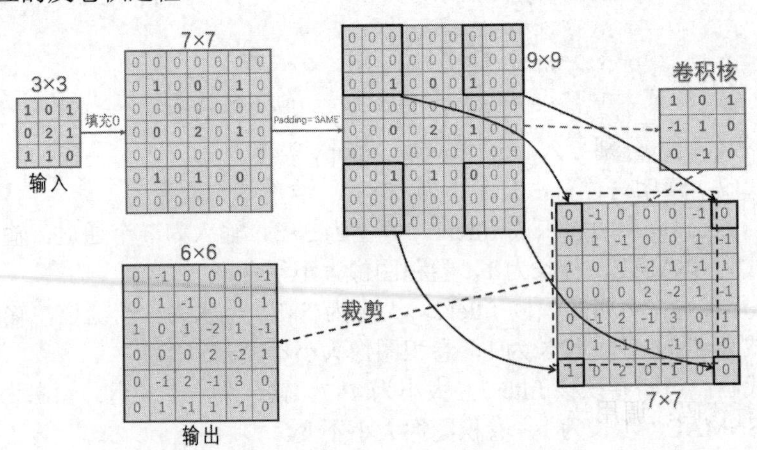

图 5-16　单通道反卷积过程

从计算结果上看来，反卷积恢复出的矩阵的大小和输入矩阵完全一致，但是结果却略有差异，充分说明反卷积只能提取部分特征，无法提取全部特征。TensorFlow 提供了反卷积相关函数和操作，其函数形式如表 5-4 所示。

表 5-4　反卷积函数

函　　数	说　　明
tf conv2d_transpose(	将输出反卷积，得到未知的输入。
value,	**value**：卷积操作的张量，形状为[batch, height, width, in_channels]。
filter,	**filter**：卷积核，形状为[height, width, output_channels, in_channels]。
output_shape,	**output_shape**：反卷积输出的张量形状。
strides,	**strides**：反卷积的步长。
padding,	**padding**：value 张量的填充形式，其值为 SNAME 和 VALID。
name)	**name**：操作节点的名称

本例中定义一个[1,4,4,1]的矩阵，矩阵里中的每个元素值都为 1，其卷积核大小为 2×2，步长为 2×2，分别使用 padding 为 SAME 和 VALID 两种方法进行卷积，将卷积后结果再进行反卷积运算，打印输出结果。其代码如下（代码位置：chapter05/reverse_conv.py）。

```
1  import tensorflow as tf
2  input_data = tf.Variable(tf.constant([[1.,0.,1.],[0.,2.,1.], [1.,1.,0.]],
   shape=[1,3,3,1]))
3  filter  =  tf.Variable(tf.constant([[1.0,  0.,  1.0],[-1.0,  1.0,  0.],
   [ 0.,-1.0, 0.]],shape=[3,3,1,1]))
4  result = tf.nn.conv2d_transpose(input_data,filter,[1,6,6,1],strides=
   [1,2,2,1],padding='SAME')
5  init_op = tf.global_variables_initializer()
6  with tf.Session() as sess:
7      sess.run(init_op)
8      print(result.shape)
9      print(sess.run(result))
```

第 1 行代码：导入 tensorflow 类库，并简写为 tf。

第 2 行代码：定义输入张量的格式为 3×3×1，并初始化变量的值为[[1.0, 0., 1.0],[−1.0, 1.0, 0.], [0.,−1.0, 0.]]。

第 3 行代码：定义卷积核的尺寸，卷积核大小为 3×3，输入为 1 通道，输出为 1 通道。

第 4 行代码：调用反卷积函数 tf.nn.conv2d_transpose()，反卷积后的图片的大小为 6×6×1。

程序的输出结果如下。

```
(1, 6, 6, 1)
[[[[ 1.][ 0.][ 1.] [ 0.] [ 1.] [ 0.]]
  [[-1.][ 1.][ 0.][ 0.] [-1.][ 1.]]
  [[ 0.][-1.][ 2.][ 0.][ 3.] [-1.]]
  [[ 0.][ 0.][-2.][ 2.][-1.][ 1.]]
  [[ 1.][ 0.][ 2.][-2.][ 1.][-1.]]
  [[-1.][ 1.][-1.][ 1.][ 0.] [ 0.]]]]
```

从程序的运行结果可以看出，最终还原出了输入矩阵，但是该结果的值与原矩阵的值可能略有些差别，即通过反卷积可以提取部分特征，但却不能提取全部特征，在还原的过程中略有信息丢失。

在实际应用过程中，输入的图片往往是多通道的，卷积核常常也有多个，反卷积的过程通常是首先计算各个通道的卷积，然后将结果求和。其计算过程如图 5-17 所示。

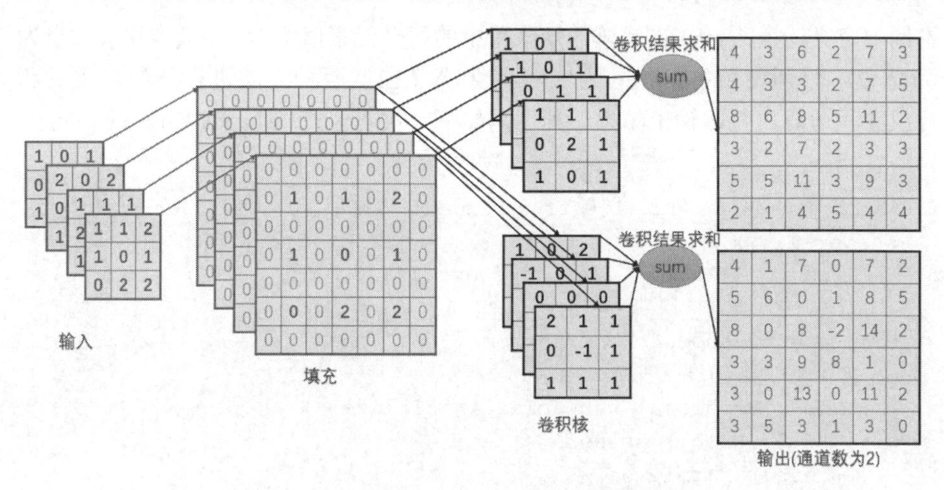

图 5-17　多通道、多卷积核的反卷积过程

5.4　LeNet-5 识别手写字

5.4.1　LeNet–5 模型简介

LeNet-5 模型是一种非常高效的用于手写体字符识别的卷积神经网络，出自论文 *Gradient-Based Learning Applied to Document Recognition*，是第一个成功应用于数字识别问题的卷积神经网络。在 MNIST 数据集上，LetNet-5 模型可以达到 99.2%的正确率。

LetNet-5 模型总包含 7 层，其网络结构如图 5-18 所示。

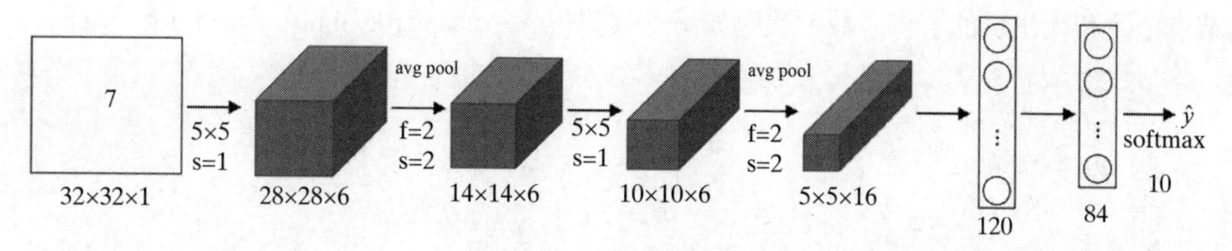

图 5-18　LeNet-5 网络结构

（1）第 1 层卷积层：本层为卷积神经网络的第 1 层，接收原始输入的图像像素。在 LeNet-5 模型中接收输入图像的分辨率为 28×28×1。卷积核大小为 5×5，深度为 6，不使用全 0 填充，步长为 1，所以本层的输出尺寸为 (32−5+1)/1 = 28，深度为 6，卷积层参数个数为 5×5×1×6+6 = 156 个。

（2）第 2 层池化层：本层的输入为第 1 层的输出，是一个 28×28×6 的矩阵。本层采用的卷积核大小为 2×2，长和宽的步长均为 2，所以本层的输出矩阵大小是 14×14×6。

（3）第 3 层卷积层：本层的输入矩阵大小为 14×14×6，使用的卷积核大小为 5×5，深度为 16，不使用全 0 填充，步长为 1。本层的输出矩阵大小为 10×10×16，参数个数为 5×5×6×16+16=2416 个。

（4）第 4 层池化层：本层的输入矩阵大小为 10×10×16，采用的卷积核的大小为 2×2，步长为 2，输出矩阵大小为 5×5×16。

（5）第 5 层全连接层：本层的输入矩阵大小为 5×5×16，本层的输出节点个数为 120，参数个数为 5×5×16×120+120=48120 个。

（6）第 6 层全连接层：输入节点个数为 120 个，输出节点为 84 个，参数个数为 120×84+84=10164 个。

（7）第 7 层全连接层：输入节点个数为 84 个，输出节点为 10 个，参数个数为 84×10+10=850 个。

LeNet-5 神经网络在 MNIST 数据集上的实现，主要分为 3 个部分：向前传输过程（mnist_lenet5_forward.py）、模型构建及训练过程（mnist_lenet5_train.py）以及验证过程（mnist_lenet5_test.py）。

5.4.2　构建向前传输模型

向前传输过程（mnist_lenet5_forward.py）可实现对网络中参数和偏置的初始化。定义卷积结构和池化结构，主要分为以下两步。

1. 定义网络参数

主要包括定义输入层节点的个数、各层卷积核的大小、各层卷积核的个数、全连接层的节点个数和输出层的节点个数，代码如下（代码位置：chapter05/ mnist_lenet5_forward.py）。

```
1  import tensorflow as tf
2  INPUT_NODE = 784
3  OUTPUT_NODE = 10
4  IMAGE_SIZE = 28
5  NUM_CHANNELS = 1
   # 第 1 层卷积层的尺寸和深度
6  CONV1_KERNEL_NUM = 32
7  CONV1_SIZE = 5
   # 第 2 层卷积层的尺寸和深度
8  CONV2_KERNEL_NUM = 64
9  CONV2_SIZE = 5
   # 全连接层的节点个数
10 FC_SIZE = 512
```

第 2 行代码：定义网络输入层节点的个数。由于输入的图片分辨率为 28×28，因此输入节点的个数是 784。

第 3 行代码：定义输出节点的个数。由于输出节点是 10 个不同的数字，所以输出节点的个数是 10 个。

第 4 行代码：定义输入图片的大小，是 28×28 像素大小。

第 5 行代码：定义通道数。由于是黑白图片，所以通道数是 1。

第 6 行代码：定义第 1 层卷积，卷积核的数目是 32 个。

第 7 行代码：定义第 1 层卷积，卷积核的大小是 5×5。

第 8 行代码：定义第 2 层卷积，卷积核的数目是 64 个。

第 9 行代码：定义第 2 层卷积，卷积核的大小是 64×64。

第 10 行代码：卷积后，全连接层的节点数为 512 个。

2. 定义向前传输过程

向前传输主要包括卷积、池化、卷积、池化、全连接 1 和全连接 2，一共 6 层，其代码如下（代码位置：chapter05/ mnist_lenet5_forward.py）。

```
11 def forward(input_tensor, train, regularizer):
12     with tf.variable_scope('layer1-conv1'):
13         conv1_weights = tf.get_variable("weight", [CONV1_SIZE, CONV1_SIZE,
   NUM_CHANNELS, CONV1_KERNEL_NUM],
   initializer=tf.truncated_normal_initializer(stddev=0.1))
14         conv1_biases = tf.get_variable("bias", [CONV1_KERNEL_NUM],
   initializer=tf.constant_initializer(0.0))
```

```
15            conv1 = tf.nn.conv2d(input_tensor, conv1_weights, strides=[1,
  1, 1, 1],  padding='SAME')
16            relu1 = tf.nn.relu(tf.nn.bias_add(conv1, conv1_biases))
17        with tf.name_scope('layer2-pool1'):
18            pool1 = tf.nn.max_pool(relu1, ksize=[1, 2, 2, 1], strides=
  [1, 2, 2, 1], padding='SAME')
```

第 11 行代码：定义向前传输过程函数。

第 12 行代码：定义变量空间为 layer1-conv1。

第 13 行代码：初始化第 1 个卷积层卷积核的大小，形式为[input_height,input_width,in_channel,out_channel]。

第 14 行代码：定义第 1 个卷积层的偏置项。偏置项的大小为卷积核的个数，故为 32 个。

第 15 行代码：实现第 1 个卷积，使用 0 填充，步长为 1，因此输出图片的尺寸不会发生改变。

第 16 行代码：将第 1 层的卷积结果和偏置项相加，使用 Relu 激活函数，得到第 1 个卷积层的输出。

第 18 行代码：将第 1 层的卷积结果使用最大池化，卷积核大小为 2×2，步长为 2，池化后，图片变为 14×14×32。

```
19       with tf.variable_scope('layer3-conv2'):
20           conv2_weights = tf.get_variable("weight", [CONV2_SIZE, CONV2_SIZE,
  CONV1_KERNEL_NUM, CONV2_KERNEL_NUM],
  initializer=tf.truncated_normal_initializer(stddev=0.1))
21           conv2_biases = tf.get_variable("bias", [CONV2_KERNEL_NUM],
  initializer=tf.constant_initializer(0.0))
22           conv2 = tf.nn.conv2d(pool1, conv2_weights, strides=[1, 1, 1,
  1], padding='SAME')
23           relu2 = tf.nn.relu(tf.nn.bias_add(conv2, conv2_biases))
24       with tf.name_scope('layer4-pool2'):
25           pool2 = tf.nn.max_pool(relu2, ksize=[1, 2, 2, 1], strides=[1,
  2, 2, 1], padding='SAME')
```

第 19 行代码：定义第 2 个卷积层的命名空间为 layer3-conv2。

第 20 行代码：定义第 2 个卷积层卷积核的尺寸[5,5,32,64]

第 21 行代码：定义第 2 层卷积的偏置项的大小为 64。

第 22 行代码：实现第 2 个卷积层，使用 0 填充，步长为 1，输出图像的尺寸不变。

第 23 行代码：卷积结果通过 Relu 函数输出。

第 25 行代码：实现第 2 个池化，使用的卷积核大小为 2×2，步长为 2，池化后图像的尺寸变为 7×7×64。

```
26 pool_shape = pool2.get_shape().as_list()
27 nodes = pool_shape[1] × pool_shape[2] × pool_shape[3]
28 reshaped = tf.reshape(pool2, [pool_shape[0], nodes])
29 with tf.variable_scope('layer5-fc1'):
30      fc1_weights = tf.get_variable("weight", [nodes, FC_SIZE],
31      if regularizer != None:
32          tf.add_to_collection('losses', regularizer(fc1_weights))
33      fc1_biases = tf.get_variable("bias", [FC_SIZE], initializer=tf.
  constant_initializer(0.1))
34      fc1 = tf.nn.relu(tf.matmul(reshaped, fc1_weights) + fc1_biases)
35 with tf.variable_scope('layer6-fc2'):
36      fc2_weights = tf.get_variable("weight", [FC_SIZE, OUTPUT_NODE],
  initializer=tf.truncated_normal_initializer(stddev=0.1))
37      if regularizer != None:
38          tf.add_to_collection('losses', regularizer(fc2_weights))
39      fc2_biases = tf.get_variable("bias", [OUTPUT_NODE],
  initializer=tf.constant_initializer(0.1))
40      logit = tf.matmul(fc1, fc2_weights) + fc2_biases
41 return logit
```

第 26 行代码：获得第 2 层池化后的形状元组表示形式。pool2.get_shape()获得一个形状的 tensor，通过 as_list()转化为元组表示。具体形状为[batch_size,width,height,channels]。

第 27 行代码：获得网络中输出的节点总数，为 7×7×64 = 3136 个。

第 28 行代码：把全连接层节点转换成[batch_size,input_node]形式，便于全连接。

第 30 行代码：定义全连接层的权重为[3136,512]。

第 32 行代码：如果正则化为空，则加入正则化，减少过拟合。

第 34 行代码：将矩阵相乘的结果通过 Relu 激活函数输出。

第 36 行代码：定义第 2 个全连接层的网络权重为[512,10]。

第 37 行代码：加入正则化。

第 39 行代码：实现矩阵相乘。

第 40 行代码：将矩阵的计算结果返回。

5.4.3　优化模型

在模型的构建部分，主要是定义学习率、损失函数以及交叉熵，从而在梯度下降法向后传输过程中，能够优化模型相关参数。

下面来实现模型的训练与保存，代码如下（代码位置：chapter05/mnist_lenet5_train.py）。

```
1  import tensorflow as tf
2  from tensorflow.examples.tutorials.mnist import input_data
3  from chapter05 import mnist_lenet5_forward
4  import os
5  import numpy as np
6  BATCH_SIZE = 100
7  LEARNING_RATE_BASE = 0.8
8  LEARNING_RATE_DECAY = 0.99
9  REGULARAZTION_RATE = 0.0001
10 TRAINING_STEPS = 30000
11 MOVING_AVERAGE_DECAY = 0.99
12 MODEL_SAVE_PATH = "model/"
13 MODEL_NAME = "mnistModel.ckpt"
14 def train(mnist):
15     x = tf.placeholder(tf.float32, [
   BATCH_SIZE, mnist_lenet5_forward.IMAGE_SIZE,
   mnist_lenet5_forward.NUM_CHANNELS], name='x-input')
16     y_ = tf.placeholder(tf.float32, [None, mnist_lenet5_forward.OUTPUT_
   NODE], name='y-input')
17     regularizer = tf.contrib.layers.l2_regularizer(REGULARAZTION_RATE)
18     y = mnist_lenet5_forward.forward(x, train, regularizer)
19     global_step = tf.Variable(0, trainable=False)
20     variable_averages =
   tf.train.ExponentialMovingAverage(MOVING_AVERAGE_DECAY, global_step)
21     variables_averages_op = variable_averages.apply(tf.trainable_variables())
22     cross_entropy = tf.nn.sparse_softmax_cross_entropy_with_logits(logits=y,
   labels=tf.argmax(y_, 1))
23     cross_entropy_mean = tf.reduce_mean(cross_entropy)
24     loss = cross_entropy_mean + tf.add_n(tf.get_collection('losses'))
25     learning_rate = tf.train.exponential_decay(LEARNING_RATE_BASE,global_
   step, mnist.train.num_examples / BATCH_SIZE, LEARNING_RATE_DECAY)
26     train_step = tf.train.GradientDescentOptimizer(learning_rate).minimize
   (loss, global_step=global_step)
27     with tf.control_dependencies([train_step, variables_averages_op]):
28         train_op = tf.no_op(name='train')
```

第 1～5 行代码：分别导入 tensorflow 类库、MNIST 类库、自定义的 mnist_lenet5_forward 模块、os 类库和 numpy 类库。

第 6～12 行代码：定义网络相关参数，每次向网络喂入 100 张图片，训练的轮数为 30000 轮，设置了正则化系数，使用指数衰减学习率，衰减系数为 0.99。

第 15～16 行代码：设置 x 和 y_的占位符，x 占位符的形式为[batch_size,input_width, input_height,chanale]，y_占位符形式为[batch_size,output_size]。

第 17 行代码：定义正则化系数，在卷积神经网络中使用正则化，可以增强模型的返回性。

第 18 行代码：调用函数，实现向前传输，并返回计算的结果。

第 19 行代码：设置全局变量，且不可训练，用于记录训练的轮数。

第 20～26 行代码：定义交叉熵、损失函数以及滑动平均。

5.4.4　训练保存模型

模型主要在会话中进行训练，在训练过程中，可以每隔一段时间保存一次模型。其代码如下（代码位置：chapter05/mnist_lenet5_train.py）。

```
29     saver = tf.train.Saver()
30     init_op = tf.global_variables_initializer()
31     with tf.Session() as sess:
32         sess.run(init_op)
33         for i in range(TRAINING_STEPS):
34             xs, ys = mnist.train.next_batch(BATCH_SIZE)
35             reshaped_xs = np.reshape(xs, (BATCH_SIZE,
  mnist_lenet5_forward.IMAGE_SIZE,mnist_lenet5_forward. IMAGE_SIZE,
  mnist_lenet5_forward.NUM_CHANNELS))
36             _, loss_value, step = sess.run([train_op, loss,
  global_step], feed_dict={x: reshaped_xs, y_: ys})
37             if i % 5000 == 0:
38                 print("After %d training step(s), loss on training
  loss_value is %g." % (step, loss_value))
39                 saver.save(sess, os.path.join(MODEL_SAVE_PATH, MODEL_
  NAME), global_step=global_step)
40 if __name__=="__main__":
41     mnist = input_data.read_data_sets("data/", one_hot=True)
       train(mnist)
```

第 29 行代码：建立一个 saver 对象，用于保存训练后的模型文件。

第 30～32 行代码：创建会话，使用上下文管理器管理会话，在会话中初始化所有参数。

第 33 行代码：从训练集中循环读取下一个 BATCH_SIZE 的训练图片矩阵。

第 35 行代码：np.reshape()函数将每隔 BATCH_SIZE 的图片的形状变换为符合张量的输入形式。

第 36 行代码：在会话中，将形状变换后的数据输入神经网络。

第 39 行代码：每训练 5000 轮，将训练的参数结果写入到模型文件中。

运行程序，其损失函数的输出如下。

```
After 1 training step(s), loss on training loss_value is 4.96704.
```

5.4.5 验证模型

模型的验证主要是在验证数据集中进行的，主要方法是在一个新的计算图中加载模型训练参数，传入验证集数据进行预测，从而判断模型的准确率。

如下程序利用已经训练好的模型预测准确率，代码如下（代码位置：chapter05/mnist_lenet5_test.py）。

```
1  import time
2  import tensorflow as tf
3  from tensorflow.examples.tutorials.mnist import input_data
4  from chapter05 import mnist_lenet5_forward
5  from chapter05 import mnist_lenet5_train
6  import numpy as np
7  TEST_INTERVAL_SECS = 5
8  def test(mnist):
9      with tf.Graph().as_default() as g:
10         x = tf.placeholder(tf.float32,[mnist.test.num_examples,
   mnist_lenet5_forward.IMAGE_SIZE,mnist_lenet5_forward.IMAGE_SIZE,
   mnist_lenet5_forward.NUM_CHANNELS])
11         y_= tf.placeholder(tf.float32,[None,mnist_lenet5_forward.
   COUTPUT_SIZE])
12         y = mnist_lenet5_forward.forward(x,False,None)
13         saver = tf.train.Saver()
14         corrent_prediction = tf.equal(tf.argmax(y,1),tf.argmax(y_,1))
15         accuracy = tf.reduce_mean(tf.cast(corrent_prediction,tf.float32))
16         while True:
17             with tf.Session() as sess:
18                 ckpt = tf.train.get_checkpoint_state(mnist_lenet5_
   train.MODEL_PATH)
19                 if ckpt and ckpt.model_checkpoint_path:
20                     saver.restore(sess,ckpt.model_checkpoint_path)
21                     global_step ckpt.model_checkpoint_path.split
   ('/')[-1].split('-')[-1]
22                     reshaped_x = np.reshape(mnist.test.images, (
   mnist.test.num_examples,mnist_lenet5_forward.IMAGE_SIZE,
```

```
    mnist_lenet5_forward.IMAGE_SIZE,mnist_lenet5_forward.NUM_CHANNELS))
23                      accuracy_score = sess.run(accuracy,feed_dict=
    {x: reshaped_x, y_: mnist.test.labels})
24                      print("After %s training step(s), test accuracy
    = %g" % (global_step, accuracy_score))
25                  else:
26                      print('No checkpoint file found')
27                      return
28                  time.sleep(TEST_INTERVAL_SECS)
29 if __name__ == '__main__':
30     mnist = input_data.read_data_sets("data/", one_hot=True)
31     test(mnist)
```

第 1～6 行代码：导入 time 模块、tensorflow 模块、numpy 模块以及自定义的 mnist_lenet5_forward 与 mnist_lenet5_train 模块。

第 7 行代码：每运行一次，休眠 5 毫秒。

第 9 行代码：获得系统默认的计算图，在该计算图中进行计算。

第 10～11 行代码：分别声明占位符 x 和 y_。

第 12 行代码：调用向前传输过程，实现数据验证。

第 14～15 行代码：判断预测模型与实际数据间的相符程度，并计算正确率。

第 18～22 行代码：加载训练模型。

第 23 行代码：将验证集数据转变为符合卷积神经网络输入的形式。

第 24 行代码：打印准确率。

运行程序，输出结果如下。

```
After 1 training step(s), test accuracy = 0.1221
```

5.5　本章小结

本章首先介绍了卷积神经网络模型，该模型由 5 层构成。

（1）输入层：与全连接网络类似，输入层是整个神经网络的输入。在处理图像的卷积神经网络中，它一般代表一幅图片像素的三维矩阵，其长和宽分别代表图像的大小，而深度代表了图像的不同颜色通道。

（2）卷积层：是整个神经网络的核心，与全连接网络有着本质区别，卷积层中的每一个节点的输入只是上一层神经网络的一小块，大小为 3×3、5×5 或 7×7 的卷积核。

（3）池化层：主要作用是将一张高分辨率的图片转换为低分辨率的图片，从而达到减少整个神经网络参数的目的。

（4）全连接层：通过若干轮的卷积与池化操作之后，图像中的信息已经被抽象成为信息含量更高的特征，在特征提取完成之后，仍然需要使用全连接层来完成分类任务。

（5）Softmax 层：与全连接神经网络类似，Softmax 层主要用于解决分类问题，可以得到当前样例属于不同种类的概率分布情况。

5.6　本章习题

1. 选择题

（1）简单细胞对应的视网膜上的光感受细胞所在的区域很小，而复杂系统则对应更大的区域，这个区域被称为（　　）。

A．感受区域　　B．复杂细胞
C．简单细胞　　D．感受野

（2）以下（　　）确立了现代卷积神经网络的结构。

A．LeCun　　B．Hinton
C．Alex Krizhevsky　　D．Ilya Sutskever

（3）全连接神经网络的主要缺点是（　　）。

A．网络参数过多　　B．网络模型比较复杂
C．网络层数过多　　D．训练的时间过长

（4）使用 3×3 的卷积核，步长为 1，用 0 填充，对图像矩阵卷积后，图像的大小（　　）。

A．变为原来 1/2　　B．变为原来 1/4
C．不变　　D．以上都不是

（5）卷积最主要的目的是（　　）。

A．降低网络参数　　B．加快运算速度
C．提取特征　　D．以上都不是

（6）池化使用的步长为 2，则使用最大池化后，图像的尺寸（　　）。

A．变为原来 1/2　　B．变为原来 1/4
C．不变　　D．以上都不是

（7）多卷积核的目的是为了提取图像的多个特征，假设有 32 个卷积核，则卷积后提取图像的特征数是（　　）。

A．16　　B．32　　C．64　　D．128

（8）假设输入的原始图像是 5×5，卷积核的大小是 2×2，卷积过程中使用的步长为 1，且使用 0 填充，则卷积后图像的尺寸为（　　）。

A．5×5　　B．4×4　　C．3×3　　D．2×2

（9）以下（　　）函数实现平均池化操作。

A．tf.nn.max_pool()　　B．tf.nn.avg_pool()

D．tf.nn.average_pool()　　D．以上都不是

（10）在 LeNet-5 网络模型中，输入节点的形状为（　　）。

A．[None,784]　　B．[None,28,28,1]

C．[None,32,32,1]　　D．[None,32,32,3]

（11）LetNet-5 实现手写字识别，输出节点的个数是（　　）。

A．100　　B．10　　C．20　　D．5

（12）在使用 TensorFlow 函数卷积过程中，要求卷积核的形状为（　　）。

A．[filter_width, filter_height, in_channels, out_channels]

B．[filter_height, filter_width, in_channel, out_channels]

C．[filter_width, filter_height, out_channel, in_channels]

D．[filter_width, filter_height, out_channel, in_channels]

2. 填空题

（1）提出卷积神经网络模型的科学家是______________。

（2）最大池化的操作函数是________________。

（3）平均池化的操作函数是__________________。

（4）在利用 LetNet-5 网络模型识别手写字中，输入层含有_______个节点，输出层含有_____________个节点。

3. 判断题

（1）在卷积神经网络中，通过卷积核在图像滑动所生成的图像称为特征图。（　　）

（2）池化操作是将图像按窗口大小分为不重叠的区域，然后对每一个区域内的元素进行聚合。（　　）

（3）使用池化的目的是降低图片的分辨率，减少参数学习的数量。（　　）

（4）在使用 DropOut 机制的模型中，预测时所有节点都会被打开。（　　）

（5）卷积后提取特征的个数小于卷积核的个数。（　　）

4. 简答题

（1）简述全连接神经网络的缺陷。
（2）简述卷积神经网络各层的具体功能。
（3）简述卷积的物理含义。
（4）卷积过程中，使用 0 填充和非 0 填充，对卷积结果有何影响？
（5）简述最大池化与平均池化的区别。

5. 编程题

自定义一个 28×28 像素的图片，喂入本章已经训练好的神经网络模型，尝试识别的准确性。

任务 6　打造 CIFAR-10 图像识别模型

本章内容

本章将利用 CIFAR-10 数据集构建物体识别模型，首先将介绍数据集的特性及下载方法，然后将数据集二进制数据转换为图片表示，将标签转换为独热形式，最后将利用数据集训练模型、并在模型上预测其准确性。

知识图谱

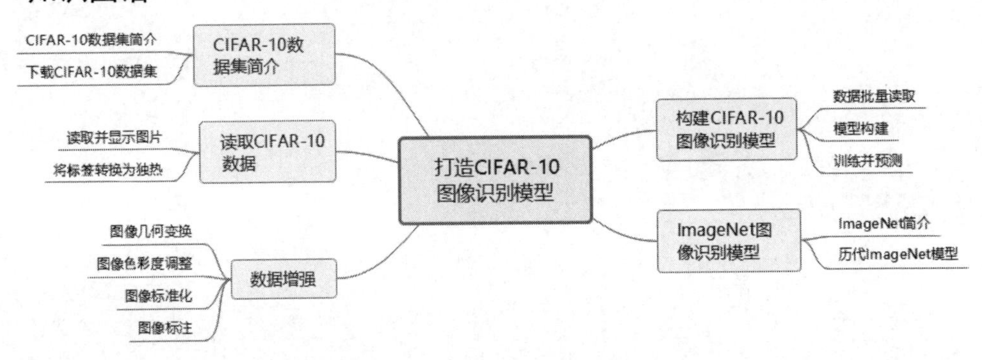

重点难点

重点： CIFAR-10 数据集的特性、下载和表示方法。

难点： 搭建图像识别模型，预测准确率。

6.1　CIFAR-10 数据集简介

6.1.1　CIFAR-10 数据集简介

CIFAR-10 是由 Hinton 的学生 Alex Krizhevsky 和 Ilya Sutskever 整理的一个用于识别物体的小型数据集。起初的数据集共有 10 个分类（见图 6-1），分别是飞机（airplane）、汽车（automobile）、鸟类（bird）、猫（cat）、鹿（deer）、狗（dog）、蛙类（frog）、马（horse）、船（ship）和卡车（truck），故常常以 CIFAR-10 命名。该数据集一共包含 60000 张分辨率为 32×32 的彩色图像（50000 张训练图片和 10000 张测试图片）。由于该数据集中图片是彩色的，所以图像有 3 个通道，分别是红色（R）、绿色（G）和蓝色（B）。

图 6-1　CIFAR-10 数据集

与 MNIST 数据集相比，CIFAR-10 数据集具有如下特性。

（1）MNIST 数据集是灰度图像，只有一个通道；CIFAR-10 数据集是彩色图像，包含 R、G、B3 个通道。

（2）CIFAR-10 数据集中的图像大多来源于真实世界，噪声大，且物体的比例、特征不尽相同，为识别带来困难。

6.1.2　下载 CIFAR-10 数据集

不同于 MNIST 数据集，CIFAR-10 数据集是已经打包好的文件，分为 Python 版、MATLAB 版和二进制版。可以手动下载该文件，然后将其复制到项目目录文件下。

CIFAR-10 的官方下载地址为 http://www.cs.toronto.edu/~kriz/cifar.html。下载完成后，解压该文件，打开 cifar10_data/cifar-10-batches-bin/文件夹，可发现 8 个文件（见图 6-2）。这些文件是 CIFAR-10 数据集的全部文件，每个文件的用途如表 6-1 所示。

名称	修改日期	类型
batches.meta	2009-3-31 12:45	META 文件
data_batch_1	2009-3-31 12:32	文件
data_batch_2	2009-3-31 12:32	文件
data_batch_3	2009-3-31 12:32	文件
data_batch_4	2009-3-31 12:32	文件
data_batch_5	2009-3-31 12:32	文件
readme	2009-6-5 4:47	HTML 文档
test_batch	2009-3-31 12:32	文件

图 6-2　CIFAR-10 数据集解压后的文件

表 6-1　CIFAR-10 数据集下的数据文件及用途

文 件 名	文件用途
batches.meta.txt	文本文件，存储了不同类别的英文名称。可用记事本或其他文本阅读器打开
data_batch_1、data_batch_2、data_batch_3、data_batch_4、data_batch_5	CIFAR-10 数据集中的训练数据，每个文件以二进制格式存储了 10000 张 32×32 的彩色图像和对应的类别标签。一共 50000 张训练图像
test_batch	存储了训练图像和测试图像的标签，共 10000 张
readme.html	数据集介绍文件

6.2　读取 CIFAR-10 数据

6.2.1　读取并显示图片

CIFAR-10 数据集被分为 5 个训练集和 1 个测试集，每个集合中包含 10000 张图片，测试集是从每一个类别中随机挑选的 1000 张图片组成，顺序被打乱。测试集和训练集数据的存储格式为：

```
<1 x label><3072 x pixel>
...
<1 x label><3072 x pixel>
```

第 1 个字节是图片的标签值，范围是 0～9，分别表示 10 个不同种类的物体。接下来的 3072 字节是图片的像素值，每一个 3072 字节代表 3 通道的 RGB 图片，前 1024 字节是 R 通道像素值，中间的 1024 字节是 G 通道的像素值，最后的 1024 字节是 B 通道的像素值。

以上二进制文件中还包含两个标签，分别是 data 和 label。

- data：数据格式为 uint8 的 10000×3072 维的数组。数组的每一行储存一幅 32×32×3 的彩色图像。前 1024 字节包含 R 通道的值，接下来的 1024 字节是 G 通道，最后是 B 通道。
- label：含有 10000 个元素的列表，数字的取值范围为 0～9，分别对应 data 中相应的图像类别。

如下代码将加载 data_batch_1 的图片并将其显示出来（代码位置：chapter06/load_cifar10_image.py）。

```
1  import numpy as np
2  import pickle
```

```
3  import cv2
4  def unpickle(file):
5       with open("data/"+file,"rb") as fo:
6            dict = pickle.load(fo,encoding="bytes")
7       return dict
8  mydata = unpickle("data_batch_1")
9  data = mydata[b"data"]
10 label =mydata[b"labels"]
11 x = np.array(data)
12 imageList = x.reshape(10000,3,32,32)
13 red = imageList[1][0].reshape(1024, 1)
14 green = imageList[1][1].reshape(1024, 1)
15 blue = imageList[1][2].reshape(1024, 1)
16 pic = np.hstack((red, green, blue))
17 pic_rgb = pic.reshape(32,32,3)
18 cv2.imshow("image",pic_rgb)
19 cv2.waitKey(0)
20 cv2.destroyAllWindows()
```

第 1～3 代码：导入程序所需要的类库。

第 4～5 行代码：读取 data/data_batch_1 文件，并且以二进制可读形式读取。

第 6 行代码：pickle.load() 加载文件，并且转换为 Python 对象。

第 9～10 行代码：分别读取 data 和 label。其中，data 的形式是 (10000,3072)，label 的形式是 (10000)。

第 11 行代码：将数据转换为矩阵的形式。

第 13～15 行代码：分别提取 R、G 和 B 通道数据。

第 16 行代码：np.hstack()将 3 个通道的值按照水平方向，堆叠成一个新的数组。

第 17 行代码：通过 reshape() 翻转成为三维矩阵。

第 18 行代码：将图片数据显示出来。

运行程序，输出结果如图 6-3 所示，显示的是一辆车的图片。

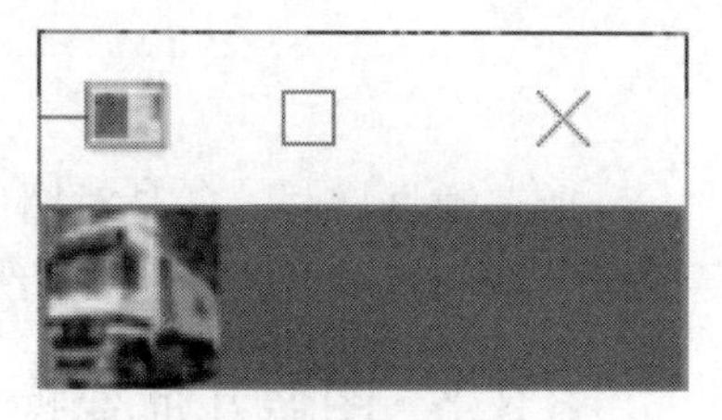

图 6-3　程序运行效果

6.2.2　将标签表示成独热

每个标签都是 0～9 的数字，分别代表一个种类的物体，因此可以将其转换为 one-hot 形式，将 10 个数据的相应位置转换为 1，其他位置变成 0 即可。

如下代码演示了如何将数字转换为独热形式（代码位置：chapter06/cifar10_onehot.py）。

```
1  import numpy as np
2  import pickle
3  def unpickle(file):
4      with open("data/"+file,"rb") as fo:
5          dict = pickle.load(fo,encoding="bytes")
6      return dict
7  mydata = unpickle("data_batch_1")
8  data = mydata[b"data"]
9  label =mydata[b"labels"]
10 hot = np.zeros(10)
11 hot[label[0]]=1
12 print(hot)
```

第 1～2 代码：导入程序所需要的类库。

第 3～4 行代码：读取 data/data_batch_1 文件，并且以二进制可读的形式读取。

第 5 行代码：pickle.load() 加载文件，并且转换为 Python 对象。

第 8～9 行代码：分别读取 data 和 label。其中，data 的形式是 (10000,3072)，label 的形式是(1000)。

第 10 行代码：建立一个包含 10 个元素且元素全为 0 的数组。

第 11 行代码：取出 label 的第 1 个元素，将 hot 的指定位置设置为 1。

运行代码，输出结果如下。

```
[0. 0. 0. 0. 0. 0. 1. 0. 0. 0.]
```

6.3 数据增强

所谓数据增强，就是对图像进行平移、缩放、颜色变换等，人工扩充训练集样本的个数，从而获得更加充足的训练数据，使模型训练的效果更好。

6.3.1 图像几何变换

1. 图像数据类型变换

很多图像，其像素默认类型是 int 型（整型），但在 TensorFlow 中 float 型（浮点型）的数据更加适合处理。因此在图像输入神经网络进行训练之前，需要进行类型转换。

图像数据类型转换的函数是 convert_image_dtype()，其语法格式如表 6-2 所示。

表 6-2　TensorFlow 图像数据类型转换函数

函　　数	说　　明
convert_image_dtype(image, dtype, name=None)	把图片数据类型转成目标类型，然后返回转换后的图片。注意，转成 float 类型后，像素值会在 [0,1) 范围内。 **image**：需要转换的图像数据。 **dtype**：转换后的图像数据类型。 **name**：节点的名称

2. 图像缩放

图像缩放属于基础的图像几何变换，TensorFlow 提供了 3 种图像尺寸调整方式。

- tf.image.resize_images()：将原始图像缩放成指定图像大小。其参数 method（默认值为 ResizeMethod.BILINEAR）提供了 4 种插值算法，具体可参考图像几何变换（缩放、旋转）中的常用的插值算法。
- tf.image.resize_image_with_crop_or_pad()：剪裁或填充处理，即根据原图像的尺寸和指定的目标图像的尺寸选择剪裁还是填充。如果原图像尺寸大于目标图像尺寸，则在中心位置剪裁；反之，则用黑色像素填充。
- tf.image.central_crop()：等比例调整。central_fraction 决定了要指定的比例，取值范围为 (0,1]，该函数以中心点作为基准，选择整幅图中指定比例的图像作为新图像。

图像缩放的相关函数的语法格式如表 6-3 所示。

表 6-3　TensorFlow 图像缩放函数

函　　数	说　　明
tf.resize_images(images, size, method)	**images**：需要进行缩放的图像。 **size**：int32 类型的 Tensor，指定缩放后图像的高度和宽度。 **method**：改变形状的方法，其可能的值如下。 （1）双线性插值法，method 取值为 0； （2）最近邻居法，method 取值为 1； （3）双三次插值法，method 取值为 2

以下代码实现了图像的缩放（代码位置：chapter06/resize_image.py）。

```
1  import matplotlib.pyplot as plt
2  import tensorflow as tf
3  import numpy as np
4  image_raw_data = tf.gfile.GFile('image.jpg', 'rb').read()
5  with tf.Session() as sess:
```

```
6       img_data = tf.image.decode_jpeg(image_raw_data)
7       plt.imshow(img_data.eval())
8       plt.show()
9       resized = tf.image.resize_images(img_data, [300, 300], method=0)
10      resized = np.asarray(resized.eval(), dtype='uint8')
11      plt.imshow(resized)
12      plt.show()
13      croped = tf.image.resize_image_with_crop_or_pad(img_data, 200, 200)
14      padded = tf.image.resize_image_with_crop_or_pad(img_data, 800, 800)
15      plt.imshow(croped.eval())
16      plt.show()
17      plt.imshow(padded.eval())
18      plt.show()
19      central_cropped = tf.image.central_crop(img_data, 0.5)  # 按照比
  例裁剪图像，第 2 个参数为调整比例，比例取值[0,1]
20      plt.imshow(central_cropped.eval())
21      plt.show()
```

第 1～3 行代码：分别导入 matplotlib 类库、tensorflow 类库以及 numpy 类库。

第 4 行代码：以二进制可读形式读取当前目录下的图像文件。

第 5 行代码：创建会话，并使用上下文管理器管理该会话。

第 6 行代码：tf.image.decode_jpeg()将读取的二进制图像数据编码成为 JPEG 图像格式。

第 7～8 行代码：显示读取的图片。

第 9 行代码：使用双线性插值法将图片缩放到 300×300 分辨率。

第 13 行代码：以中心为原点，将图像裁剪为 200×200 分辨率。

第 14 行代码：以中心为原点，将图像裁剪为 800×800 分辨率，周围全部填充为 0。

第 19 行代码：将图像缩放为原来的 0.5 倍大小，即图像的分辨率缩小为原来的一半。

运行程序，原始图像通过缩放后的效果如图 6-4 所示。

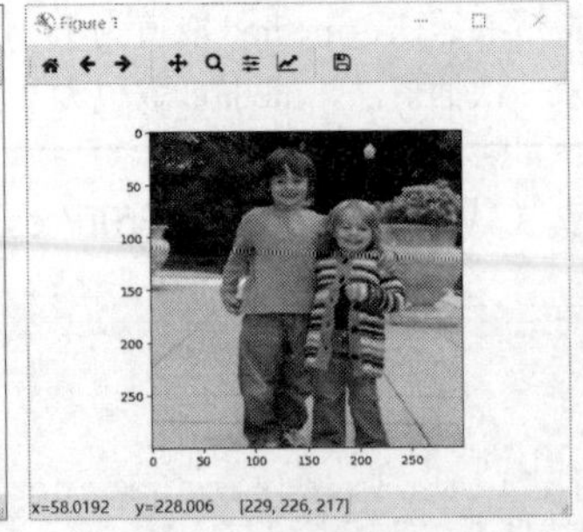

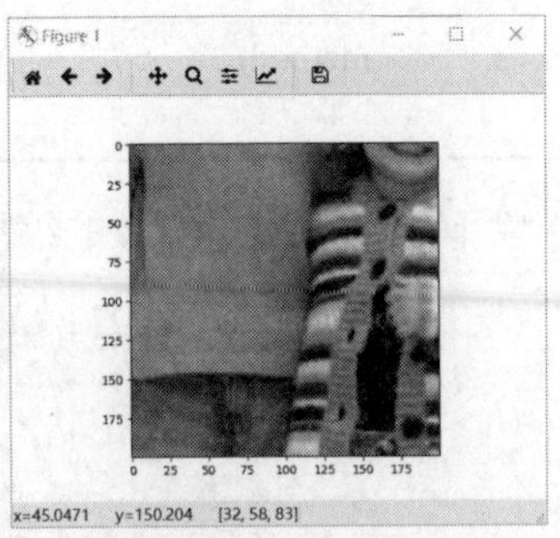

图 6-4　图像缩放效果

图 6-4　图像缩放效果（续）

3. 图像翻转

图像翻转主要实现图像上下左右的颠倒设置，常见的翻转函数如表 6-4 所示。

表 6-4　TensorFlow 图像翻转函数

函　数	说　明
tf.image.flip_up_down(image)	上下翻转
tf.image.flip_left_right(image)	左右翻转
tf.image.transpose_image(image)	对角线翻转
tf.image.random_flip_up_down(image)	随机上下翻转图片
tf.image.random_flip_left_right(image)	随机左右翻转图片

以下代码实现了图像的翻转（代码位置：chapter06/reverse_image.py）。

```
1  import matplotlib.pyplot as plt
2  import tensorflow as tf
3  image_raw_data_jpg = tf.gfile.FastGFile('image.jpg', 'rb').read()
4  with tf.Session() as sess:
5      img_data_jpg = tf.image.decode_jpeg(image_raw_data_jpg)
6      img_data_jpg = tf.image.convert_image_dtype(img_data_jpg,dtype=
   tf.float32)
7      img_1 = tf.image.flip_up_down(img_data_jpg)
8      img_2 = tf.image.flip_left_right(img_data_jpg)
9      img_3 = tf.image.transpose_image(img_data_jpg)
10     plt.figure(1)
11     plt.imshow(img_1.eval())
12     plt.figure(2)
13     plt.imshow(img_2.eval())
14     plt.figure(3)
```

```
15        plt.imshow(img_3.eval())
16        plt.show()
```

第 1～2 行代码：导入 matplotlib 类库和 tensorflow 类库。

第 3 行代码：以二进制可读的形式读取当前目录下的图像文件。

第 5 行代码：tf.image.decode_jpeg()将图像二进制图像数据编码成 JPEG 形式。

第 6 行代码：tf.image.convert_image_dtype()函数将图片数据转换为 float32 格式。

第 7 行代码：tf.image.flip_up_down()函数将图片进行上下翻转。

第 8 行代码：tf.image.flip_left_right()函数将图片进行左右翻转。

第 9 行代码：tf.image.transpose_image()函数将图片进行对角线翻转。

运行程序，图像翻转效果如图 6-5 所示。

图 6-5　图像翻转效果

6.3.2　图像色彩调整

图像的色彩分为亮度、对比度、饱和度及色调，可以在 TensorFlow 中对其进行调整和设置。调整图像色彩对应的函数的语法格式如表 6-5 所示。

表 6-5　TensorFlow 色彩调整相关函数

函　数	说　明
tf.image.random_brightness(image, max_delta, name =None)	调整图像的亮度。 **image**：需要调整的图像。 **max_delta**：调整后的亮度，float 类型。 **name**：操作名称（可选）
tf.image.adjust_hue(image, delta, name=None)	调整 RGB 图像的色调。 **image**：需要调整的图像。 **delta**：浮点型，要添加的色相通道数，float 类型。 **name**：操作名称（可选）

续表

函　数	说　明
tf.image.adjust_saturation(　　image, 　　saturation_factor, 　　name=None)	调整 RGB 图像的饱和度。 **image**：需要调整的图像。 **saturation_factor**：因子乘以饱和度，float 类型。 name：操作名称（可选）

下面通过一个案例来读取图像，并调整图像的对比度和亮度，代码如下（代码位置：chapter06/adjust_contract.py）。

```
1  import tensorflow as tf
2  import matplotlib.pyplot as plt
3  image_raw_data = tf.gfile.FastGFile('image.jpg','rb').read()
4  with tf.Session() as sess:
5       img_data = tf.image.decode_jpeg(image_raw_data)
6       brightness = tf.image.adjust_brightness(img_data, -0.5)
7       contrast = tf.image.adjust_contrast(img_data, 5)
8       plt.figure(1)
9       plt.imshow(brightness.eval())
10      plt.figure(2)
11      plt.imshow(contrast.eval())
12      plt.show()
```

第 1～2 行代码：导入 tensorflow 类库和 matplotlib 类库。

第 3 行代码：以二进制可读的形式读取当前目录下的图像文件。

第 6 行代码：tf.image.adjust_brightness()函数将所有像素点的亮度乘以 0.5

第 7 行代码：tf.image.adjust_contrast()函数将所有像素点的对比度加上 5。

运行程序，图像亮度和对比度调整效果如图 6-6 所示。

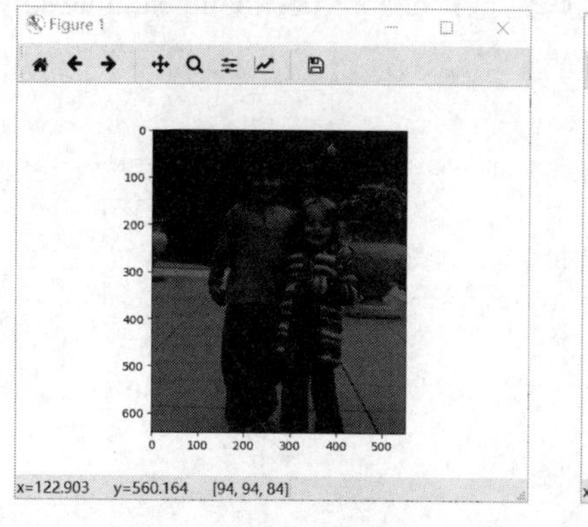

图 6-6　图像亮度和对比度调整

6.3.3 图像的标准化

在使用 TensorFlow 对图像数据进行训练之前，需要先执行图像的标准化操作。标准化与归一化是有区别的，归一化操作不改变图像的直方图，标准化操作会改变图像的直方图。

图像标准化处理的公式如下：

$$\text{image\_standardization} = \frac{X - \mu}{\text{adjusted\_stddev}}$$

$$\text{adjusted\_stddev} = \max\left(\sigma, \frac{1.0}{\sqrt{N}}\right)$$

其中，μ 是图像均值，X 标识原始图像矩阵，σ 表示标准方差，N 表示图像的像素数目。

图像标准化通过去均值，对数据实现中心化处理。根据凸优化理论与数据概率分布相关知识，数据中心化符合数据分布规律，更容易取得训练之后的泛化效果，因此数据标准化是数据预处理的常见方法之一。

TensorFlow 中，对图像进行标准化预处理的函数是 tf.image.per_image_standardization( )，其语法格式如表 6-6 所示。

表 6-6 TensorFlow 图像标准化函数

函　数	说　明
tf.image.per_image_standardization(image)	对图像执行标准化操作。 **image**：一个三维张量，分别对应图像的高（height）、宽（width）及通道数目（channels）

以下代码实现了图像的标准化操作（代码位置：chapter06/image_standard.py）。

```
1  import tensorflow as tf
2  import matplotlib.pyplot as plt
3  image_raw_data = tf.gfile.GFile('image.jpg', 'rb').read()
4  with tf.Session() as sess:
5      img_data_jpg = tf.image.decode_jpeg(image_raw_data)
6      img_data_jpg = tf.image.convert_image_dtype(img_data_jpg,dtype=
   tf.float32)
7      image = tf.image.per_image_standardization(img_data_jpg)
8      plt.figure(1)
9      plt.imshow(image.eval())
10     plt.show()
```

第 1～2 行代码：导入 tensorflow 类库和 matplotlib 类库。

第 3 行代码：以二进制可读形式读取当前目录下的图像文件。

第 7 行代码：tf.image.per_image_standardization()函数实现图像数据的标准化处理。

运行程序，图像标准化效果如图 6-7 所示。

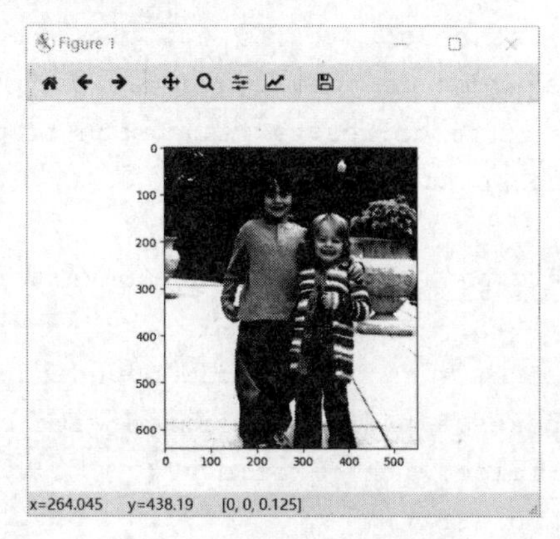

图 6-7　图像标准化处理

6.3.4　图像标注

TensorFlow 提供了给图像加入标注框的函数 draw_bounding_boxes(img, boxes)。

在给图像添加标注框之前，需要先将其转变为四维图像，也就是说，要给目标图像增加一个维度。给图像增加维度的函数是 tf.expand_dims()。

函数 tf.expand_dims()和 draw_bounding_boxes()的语法格式如表 6-7 所示。

表 6-7　TensorFlow 图像标注函数

函　数	说　明
tf.expand_dims(input, axis=None, name=None, dim=None)	在 axis 轴处为 input 增加一个为 1 的维度。 **input**：输入矩阵。 **axis**：输入维度。 **name**：节点名称
draw_bounding_boxes(images, boxes, name=None)	在指定位置为图片绘制边框。 **images**：是 [batch, height, width, depth] 形状的四维矩阵，数据类型为 float32。 **boxes**：形状 [batch, num_bounding_boxes, 4] 的三维矩阵，标注框由 4 个数字标识 [y_min, x_min, y_max, x_max]。 **name**：操作名称（可选）

以下代码实现了对图像的标注处理（代码位置：chapter06/draw_boxes.py）。

```
1  import matplotlib.pyplot as plt
2  import tensorflow as tf
3  image_raw_data=tf.gfile.FastGFile('image.jpg','rb').read()
4  with tf.Session() as sess:
5      img = tf.image.decode_jpeg(image_raw_data)
6      img_resize = tf.image.resize_image_with_crop_or_pad(img, 300, 300)
7      boxes = tf.constant([[[0.31, 0.22, 0.46, 0.38], [0.38, 0.53,0.53,
   0.71]]])
8      batched = tf.expand_dims(tf.image.convert_image_dtype(img_resize,
   tf.float32), 0)
9      image_with_boxes = tf.image.draw_bounding_boxes(batched, boxes)
10     image_with_boxes = tf.reshape(image_with_boxes, [300, 300, 3])
11     img_array = image_with_boxes.eval()
12     plt.imshow(img_array)
13     plt.show()
```

第1～2行代码：导入matplotlib和tensorflow类库。

第7行代码：声明两个边框。

第8行代码：tf.expand_dims()将图片扩充增加一个维度。

第9行代码：在batch上绘制边框。

运行程序，边框绘制效果如图6-8所示。

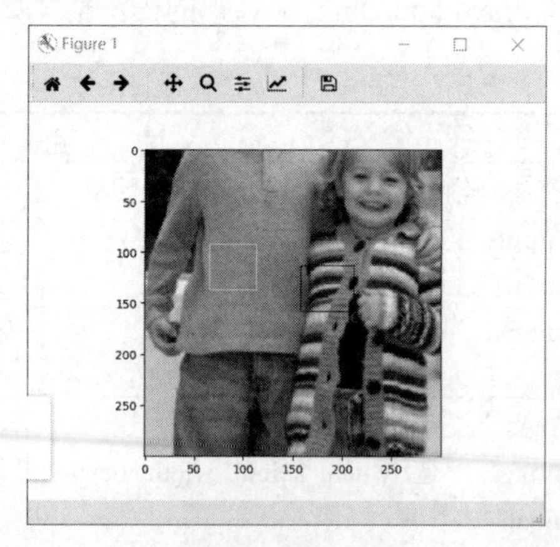

图6-8　绘制边框

6.4　构建 CIFAR-10 图像识别模型

6.4.1　数据批量读取

读取 CIFAR-10 数据，需要将其转换为 batch 和 one-hot 形式，并喂入网络进行训练，数据读取代码如下（代码位置：chapter06/cifar_reader.py）。

```
1  import pickle
2  import os
3  import numpy as np
4  class Cifar10DataReader():
5      def __init__(self, cifar_folder, onehot=True):
6          self.cifar_folder = cifar_folder
7          self.onehot = onehot
8          self.data_index = 1
9          self.read_next = True
10         self.data_label_train = None
11         self.batch_index = 0
12     def unpickle(self, f):
13         fo = open(f, 'rb')
14         d = pickle.load(fo, encoding="bytes")
15         fo.close()
16         return d
17     def next_train_data(self, batch_size=100):
18         if self.read_next:
19             f = os.path.join(self.cifar_folder,"data_batch_%s" %
   (self.data_index))
20             print('read:', f)
21             dic_train = self.unpickle(f)
22             self.data_label_train = list(zip(dic_train[b'data'],
   dic_train[b'labels']))
23             np.random.shuffle(self.data_label_train)
24             self.read_next = False
25             if self.data_index == 5:
26                 self.data_index = 1
27             else:
28                 self.data_index += 1
29         if self.batch_index < len(self.data_label_train) // batch_size:
30             datum = self.data_label_train[self.batch_index ×
   batch_size:(self.batch_index + 1) × batch_size]
```

```
31                  self.batch_index += 1
32                  rdata, rlabel = self._decode(datum, self.onehot)
33            else:
34                  self.batch_index = 0
35                  self.read_next = True
36                  return self.next_train_data(batch_size=batch_size)
37            return rdata, rlabel
38       def _decode(self, datum, onehot):
39            rdata = list();
40            rlabel = list()
41            if onehot:
42                 for d, l in datum:
43                      rdata.append(np.reshape(np.reshape(d, [3,1024]).T,
   [32, 32, 3]))
44                      hot = np.zeros(10)
45                      hot[int(l)] = 1
46                      rlabel.append(hot)
47            return rdata, rlabel
48 if __name__=="__main__":
49      dr=Cifar10DataReader(cifar_folder="data")
50      d,l=dr.next_train_data()
51      print("data,label",d,l)
```

第 1～3 行代码：导入程序所需要的相关类库。

第 5～11 行代码：是类的构造函数，主要用来实例化相关参数。

第 12～15 行代码：以二进制的形式打开文件，并将该文件返回。

第 17 行代码：定义 next_train_data()函数，每次从数据集中读取 100 条数据。

第 19 行代码：读取指定的数据集文件。

第 22～23 行代码：将图像数据和标签数据放入列表中，进行随机打乱。

第 25～27 行代码：如果读取到最后一个数据集文件，则重新从第一个开始读取。

第 29～32 行代码：判断一个文件是否读完，若没有读完，继续读取，并将 label 转换称为 one-hot 形式。

第 38～47 行代码：decode()函数将图像数据转换为 32×32×3 形式，标签转换为 one-hot 形式。

6.4.2 模型构建

构建物体识别使用的是 AlexNet 网络模型，该模型如图 6-9 所示。该模型由 3 个卷积层、3 个池化层以及 2 个全连接层组成。

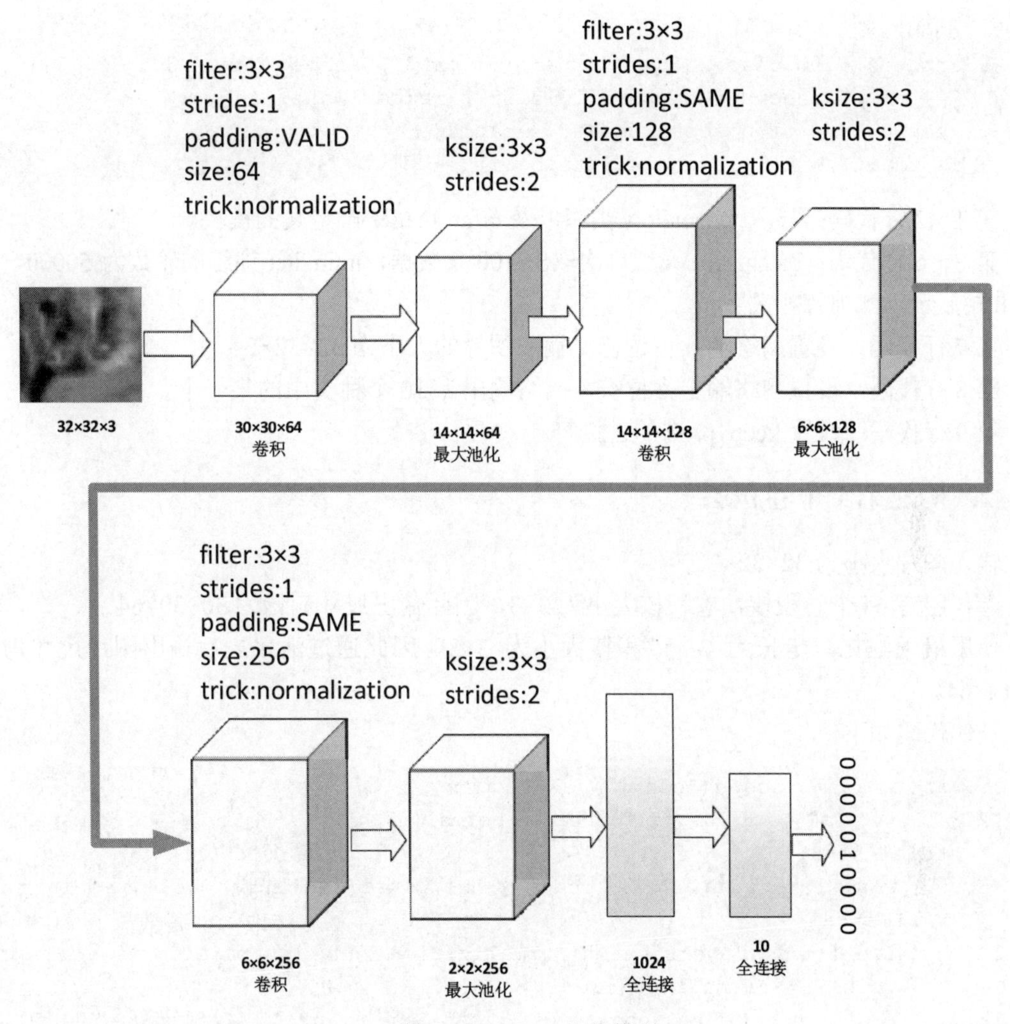

图 6-9　AlexNet 网络模型

1. 构建网络参数

构建网络参数主要包括设置占位符、DropOut 等内容，代码如下（代码位置：chapter06/alexnet_model.py）。

```
1  import tensorflow as tf
2  from chapter06 import cifar_reader
3  batch_size = 100
4  step = 0
5  train_iter = 50000
```

```
6  display_step = 10
7  input_x = tf.placeholder(dtype=tf.float32, shape=[None, 32, 32, 3])
8  y = tf.placeholder(dtype=tf.float32, shape=[None, 10])
9  keep_prob = tf.placeholder(tf.float32)
10 is_traing = tf.placeholder(tf.bool)
```

第 1～2 行代码：导入 tensorflow 类库以及 cifar_reader 自定义的模块。

第 3～6 行代码：batch_size 设置每次取出 100 条数据，train_iter 训练的轮数为 50000，每 10 轮展示因此训练相关数据。

第 7 行代码：设置网络输入占位符，输入图片的大小为 32×32×3。

第 8 行代码：设置网络输出占位符，网络输出为 10 个种类中的某一个。

第 9 行代码：设置 keep_prob 的占位符。

2. 构建第 1 个卷积层

输入图片大小为 32×32×3。

卷积层有 64 个卷积核，卷积核大小为 3×3，因此输出尺寸应该为 30×30×64。

使用最大池化，步长为 2，卷积核大小为 3×3，因此通过池化之后输出图片尺寸为 14×14×64。

具体代码如下。

```
11 with tf.name_scope("conv1") as scope:
12      w1 = tf.Variable(tf.truncated_normal([3, 3, 3, 64],dtype=tf.float32,
   stddev=5e-2))
13      conv_1 = tf.nn.conv2d(input_x, w1, strides=(1, 1, 1, 1),padding=
   "VALID")
14      lrn_1 = tf.layers.batch_normalization(conv_1, training=is_traing)
15      relu_1 = tf.nn.relu(lrn_1)
16      pool_1 = tf.nn.max_pool(relu_1, strides=[1, 2, 2, 1],padding="VALID",
   ksize=[1, 3, 3, 1])
```

第 11 行代码：tf.name_scope()函数定义 conv1 命名空间。

第 12 行代码：声明卷积核的大小为 3×3，输入 3 个通道，输出 64 个通道。

第 13 行代码：tf.nn.conv2d()进行卷积操作，步长为 1，使用 0 填充。

第 14 行代码：使用 tf.layers.batch_normalization()函数对卷积后的数据进行批量规范化。

第 15 行代码：使用 Relu 激活函数过滤掉负值。

第 16 行代码：使用 tf.nn.max_pool()函数进行最大池化，步长为 2，池化后图像的尺寸缩小为卷积后的一半。

3. 构建第 2 个卷积层

输入图片大小为 14×14×64。

卷积层有 128 个卷积核，卷积核大小为 3×3，因此输出尺寸应该为 14×14×128。

使用最大池化，步长为 2，卷积核大小为 3×3，因此通过池化输出应用为 6×6×128。

具体代码如下。

```
17 with tf.name_scope("conv2") as scope:
18      w2 = tf.Variable(tf.truncated_normal(shape=[3, 3, 64, 128],dtype
   =tf.float32, stddev=5e-2))
19      conv_2 = tf.nn.conv2d(pool_1, w2, strides=[1, 1, 1, 1], padding=
   "SAME")
20      lrn_2 = tf.layers.batch_normalization(conv_2, training=is_traing)
21      relu_2 = tf.nn.relu(lrn_2)
22      pool_2 = tf.nn.max_pool(relu_2, strides=[1, 2, 2, 1], ksize=[1, 3, 3, 1],
   padding="VALID")
```

第 17 行代码：tf.name_scope()函数定义 conv2 命名空间。

第 18 行代码：声明卷积核的大小为 3×3，输入 64 个通道，输出 128 个通道。

第 19 行代码：tf.nn.conv2d()进行卷积操作，步长为 1，使用 0 填充。

第 20 行代码：使用 tf.layers.batch_normalization()函数对卷积后的数据进行批量规范化。

第 21 行代码：使用 Relu 激活函数过滤掉负值。

第 22 行代码：使用 tf.nn.max_pool()函数进行最大池化，步长为 2，池化后图像的尺寸缩小为卷积后的一半。

4. 构建第 3 个卷积层

输入图片大小为 6×6×128。

卷积层有 256 个卷积核，卷积核的大小为 3×3，因此输出尺寸应该为 6×6×128。

使用最大池化，步长为 2，卷积核大小为 3×3，因此通过池化输出应用为 2×2×256。

具体代码如下。

```
23 with tf.name_scope("conv3") as scope:
24      w3 = tf.Variable(tf.truncated_normal(shape=[3, 3, 128, 256],
   dtype=tf.float32, stddev=1e-1))
25      conv_3 = tf.nn.conv2d(pool_2, w3, strides=[1, 1, 1, 1],
   padding="SAME")
26      lrn_3 = tf.layers.batch_normalization(conv_3, training=is_traing)
27      relu_3 = tf.nn.relu(lrn_3)
```

```
28      pool_3 = tf.nn.max_pool(relu_3, strides=[1, 2, 2, 1], ksize=
        [1, 3, 3, 1],
        padding="VALID")
```

第 23 行代码：tf.name_scope()函数定义 conv3 命名空间。

第 24 行代码：声明卷积核的大小为 3×3，输入 128 个通道，输出 256 个通道。

第 25 行代码：tf.nn.conv2d 进行卷积操作，步长为 1，使用 0 填充。

第 26 行代码：使用 tf.layers.batch_normalization()函数对卷积后的数据进行批量规范化。

第 27 行代码：使用 Relu 激活函数过滤掉负值。

第 28 行代码：使用 tf.nn.max_pool()函数进行最大池化，步长为 2，池化后图像的尺寸缩小为卷积后的一半。

5. 构建全连接层

具体代码如下。

```
29 dense_tmp = tf.reshape(pool_3, shape=[-1, 2 × 2 × 256])
30 with tf.name_scope("fc1") as scope:
31      fc1 = tf.Variable(tf.truncated_normal(shape=[2 × 2 × 256, 1024],
  stddev=0.04))
32      bn_fc1 = tf.layers.batch_normalization(tf.matmul(dense_tmp,fc1),
  training=is_traing)
33      dense1 = tf.nn.relu(bn_fc1)
34      dropout1 = tf.nn.dropout(dense1, keep_prob)
35 with tf.name_scope("fc2") as scope:
36      fc2 = tf.Variable(tf.truncated_normal(shape=[1024, 10], stddev=0.04))
37      out = tf.matmul(dropout1, fc2)
```

第 29 行代码：将第 3 个卷积层的结果拉伸，得到 2×2×256 个节点。

第 30 行代码：tf.name_scope()函数定义 fc1 命名空间。

第 31 行代码：初始化全连接层的矩阵[2×2×256,1024]。

第 34 行代码：使用 DropOut 函数。

第 36 行代码：第 2 个全连接层的矩阵参数为[1024,10]。

6.4.3　训练并预测

具体代码如下。

```
38 cost = tf.reduce_mean(tf.nn.softmax_cross_entropy_with_logits(logits=out,
  labels=y))
```

```
39 optimizer = tf.train.AdamOptimizer(0.01).minimize(cost)
40 dr = cifar_reader.Cifar10DataReader(cifar_folder="data")
41 correct_pred = tf.equal(tf.argmax(out, 1), tf.argmax(y, 1))
42 accuracy = tf.reduce_mean(tf.cast(correct_pred, tf.float32))
43 # 初始化所有的共享变量
44 init = tf.global_variables_initializer()
45 saver = tf.train.Saver()
46 with tf.Session() as sess:
47     sess.run(init)
48     step = 1
49     while step * batch_size < train_iter:
50         step += 1
51         batch_xs, batch_ys = dr.next_train_data(batch_size)
52         # 获取批数据,计算精度,损失值
53         opt, acc, loss = sess.run([optimizer, accuracy, cost],
   feed_dict={input_x: batch_xs, y: batch_ys, keep_prob: 0.6,
   is_traing: True})
54         if step % display_step == 0:
55             print("Iter " + str(step * batch_size) + ", Minibatch
   Loss= " + "{:.6f}".format(loss) + ", Training Accuracy=
   " + "{:.5f}".format(acc))
56     print("Optimization Finished!")
57     num_examples = 10000
58     d, l = dr.next_test_data(num_examples)
59     print("Testing Accuracy:", sess.run(accuracy,feed_dict={input_x: d,
       y: l, keep_prob: 1.0, is_traing: True}))
60     saver.save(sess, "model/cifar10model.ckpt")
```

第 38 行代码：使用交叉熵损失函数。

第 39 行代码：通过梯度下降法最小化损失函数。

第 40 行代码：初始化数据集读取类。

第 41～42 行代码：判断模型的准确率。

第 46～60 行代码：在会话中运行模型，从而判断准确率。

6.5　ImageNet 图像识别模型

6.5.1　ImageNet 数据集简介

ImageNet 数据集是为了促进计算机图像识别技术的发展而设立的一个大型图像数据集，2016 年 ImageNet 数据集中已经包含有超过千万张图片，每一张图片都被手工标定好

了类别，ImageNet 数据集中的图片涵盖了大部分生活中会看到的图片类别。

相比 CIFAR-10，ImageNet 数据集图片数量更多，分辨率更高，含有的类别更多（含有上千个图像类别），图片中含有更多的无关噪声和变化，因此识别难度比 CIFAR-10 高得多。从 2010 年起，每年 ImageNet 的项目组织都会举办一场 ImageNet 大规模视觉识别竞赛（ImageNet Large Scale Visual Recognition Challenge , ILSVRC）。在 ILSVRC 竞赛中诞生了许多成功的图像识别方法，其中很多是深度学习方法，它们在赛后又会得到进一步发展与应用。可以说，ImageNet 数据集和 ILSVRC 竞赛大大促进了计算机视觉技术，乃至深度学习的发展，在深度学习的浪潮中占有举足轻重的地位。

6.5.2　历代 ImageNet 识别模型

1. AlexNet 模型

AlexNet 模型是 Hinton 的学生 Alex Krizhevsky 于 2012 年提出的深度卷积神经网络模型，它是 LeNet-5 一种更深更宽的版本。在 AlexNet 上首次应用了几个小技巧，如 Relu 激活函数、DropOut 和 LRN 归一化。AlexNet 包含 6 亿 3000 万个连接，6000 万个参数和 65 万个神经元，有 5 个卷积层，3 个全连接层。在 2012 年的 ILSVRC 比赛中，AlexNet 以 Top5 错误率 16.4%的显著优势夺得冠军。

AlexNet 模型的主要特性如下：

- 使用 Relu 作为卷积神经网络的激活函数，在较深网络中的效果超过 Sigmoid，解决了 Sigmoid 在深层网络中的梯度弥散问题。
- 使用 DropOut 随机使一部分神经元失活，避免了模型的过拟合。AlexNet 中，DropOut 主要应用在全连接层。
- 使用重叠的最大池化。以前卷积神经网络中大部分采用平均池化，AlexNet 中使用最大池化，可避免平均池化的模糊化效果。重叠的最大池化是指卷积核的尺寸要大于步长，这样池化层的输出之间会有重叠和覆盖，提升特征的丰富性。在 AlexNet 中使用的卷积核大小为 3×3，横向和纵向步长都为 2。
- 使用 LRN 层，对局部神经元的活动创建有竞争机制，让响应较大的值变得相对更大，并抑制反馈较小的神经元，以增强模型的泛化能力。
- 使用 CUDA 加速深度神经网络的训练。
- 数据增强。随机从 256×256 的原始图像中截取 224×224 的图像以及随机翻转。如果没有数据增强，在参数众多的情况下，卷积神经网络会陷入到过拟合中，使用数据增强可以减缓过拟合，提升泛化能力。进行预测的时候，提取图片的四个角加中间位置，并进行左右翻转，一共 10 张图片，对它们进行预测并取 10 次结果的平均值。

AlexNet 为 8 层深度网络，包括 5 层卷积层（Conv）和 3 层全连接层，不计 LRN 层和池化层（Pool），如图 6-10 所示。

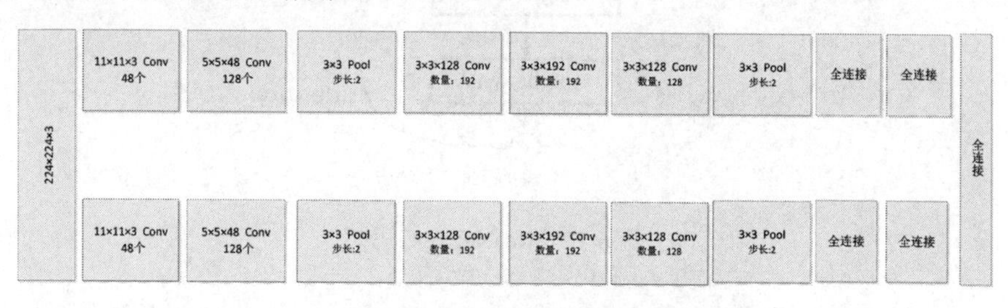

图 6-10　AlexNet 网络模型

2. VGGNet 模型

VGGNet 是牛津大学在 2014 年提出来的模型。当这个模型被提出时，由于它的简洁性和实用性，马上成了当时最流行的卷积神经网络模型，它在图像分类和目标检测任务中都表现出非常好的结果。在 2014 年的 ILSVRC 比赛中，VGGNet 在 Top5 中取得了 92.3%的正确率。其网络结构如图 6-11 所示。

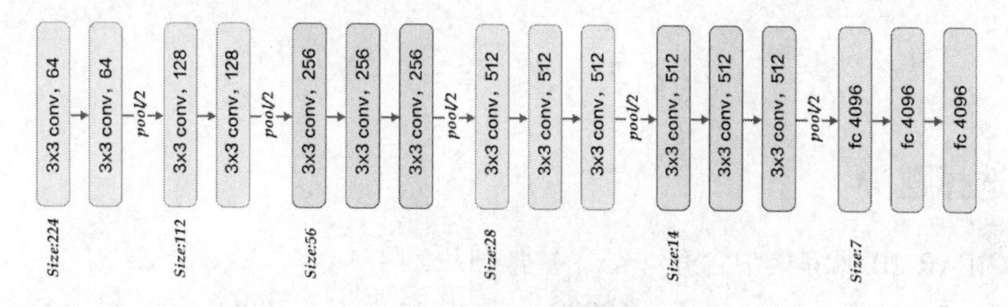

图 6-11　VGG16 网络结构

3. ResNet 模型

ResNet（Residual Neural Network，深度残差网络）模型由前微软研究院的 KaimingHe 等 4 名华人提出，通过使用 Residual Blocks 成功训练 152 层深的神经网络，在 ILSVRC 2015 年比赛中获得了冠军，取得了 3.57%的 Top-5 错误率，同时参数量却比 VGGNet 少，效果非常突出。ResNet 结构可以极快地加速超深神经网络的训练，模型的准确率也有非常大的提升。

ResNet 的基本思想是引入能够跳过一层或多层的 shortcut connection，如图 6-12 所示。

ResNet 提出了两种 mapping：一种是 identity mapping，指的是弯弯的曲线；另一种 residual mapping，指的是除弯弯曲线外的部分。最后的输出是 $y=H(x)=F(x)+x$。其中，identity mapping 指本身，即公式中的 x；residual mapping 指差，也就是 $y-x$；残差指的是 F(x)部分。

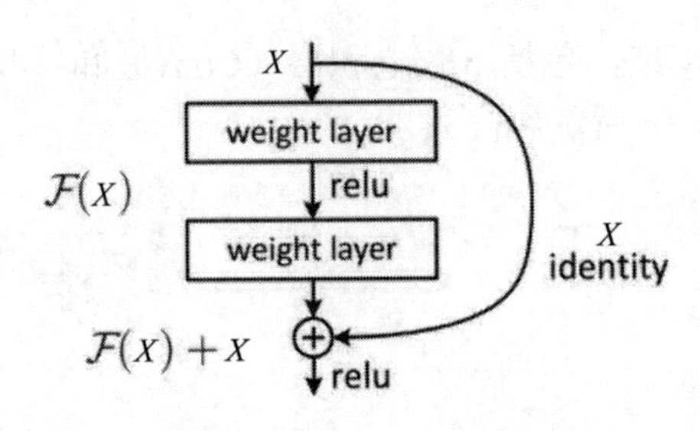

图 6-12　ResNet 核心思想

6.6　本章小结

CIFAR-10 是由 Hinton 的学生 Alex Krizhevsky 和 Ilya Sutskever 整理的一个用于识别物体的小型数据集。起初的数据集一共有 10 个分类，分别是飞机、汽车、鸟类、猫、鹿、狗、蛙类、马、船和卡车，所以 CIFAR 数据集常常以 CIFAR-10 命名。

本章主要介绍了 CIFAR-10 数据集的特性、以及如何下载与显示图片，将标签数据显示为独热形式，最后在 CIFAR-10 上搭建模型，并预测模型准确性。

6.7　本章习题

1. 选择题

（1）CIFAR-10 训练集中含有（　　）张图片。

A．50000　　B．60000　　C．70000　　D．80000

（2）CIFAR-10 测试集中含有（　　）张图片。

A．10000　　B．20000　　C．30000　　D．40000

（3）（　　）函数可以调整图片的亮度。

A．tf.image.random_brightness()　　B．tf.image.adjust_hue()

C．tf.image.adjust_saturation()　　D．tf.image.resize_images()

（4）AlexNet 中卷积层的个数为（　　）个。

A．3　　B．5　　C．7　　D．9

（5）AlexNet 中池化层的个数为（　　）个。

A．3　　B．5　　C．7　　D．9

（6）AlexNet 网络模型中，使用 CIFAR-10 数据集输入图片的尺寸是（　　）。

A．28×28×1　　B．32×32×3　　C．32×32×1　　D．28×28×3

（7）CIFAR-10 数据集中，图片的通道数为（　　）。

A．1　　B．2　　C．3　　D．4

（8）函数 np.hstack()的作用是（　　）。

A．将元素在水平方向上平铺　　B．将元素在垂直方向上平铺

C．将元素在对角方向上平铺　　D．以上都不是

（9）有一 6×8 的矩阵， reshape(2,4,6)的结果是（　　）。

A．2×4×6；　　B．4×2×6　　C．6×4×2　　D．以上都不是

2. 填空题

（1）在 CIFAR-10 数据集中，每张图片含有通道的个数是________________。

（2）在 AlexNet 网络模型中，含有__________卷积层。

（3）在 CIFAR-10 数据集中，含有____________张测试图片。

3. 判断题

（1）CIFAR-10 数据集中，一共有 10 个不同的物体分类。（　　）

（2）LeNet-5 卷积神经网络模型输入图片的尺寸为 28×28×3。（　　）

（3）常见的数据增强方法有图像几何变换、色彩调整、随机剪裁等。（　　）

（4）LeNet-5 神经网络模型中，含有 2 个池化层。（　　）

（5）在 CIFAR-10 数据集中，每张图片由 3072 字节组成，其中前 1024 字节是 R 数据，中间的 1024 字节是 G 数据，最后 1024 字节是 B 数据。（　　）

4. 简答题

（1）简述 CIFAR-10 数据集的特性。

（2）简述 AlexNet 的网络结构。

（3）简述 AlexNet 中全连接层的作用。

（4）简述 ImageNet 上常见的网络模型。

（5）简述 CIFAR-10 数据集中，有哪 10 个分类的图片。

5. 编程题

（1）训练 CIFAR-10 数据集并打印准确率。

（2）收集猫狗图片训练集，30%为测试集，70%训练集。使用 AlexNet 网络模型训练，并验证准确率。

任务 7　可视化性别识别模型

本章内容

针对神经网络在训练过程中的问题，本章将主要介绍如何使用 TensorBoard 可视化网络训练过程中的损失函数、学习率以及每一层卷积的特征图。

知识图谱

重点难点

重点：理解网络训练过程中的可视化。
难点：卷积过程的可视化。

7.1　在程序中使用 TensorBoard

7.1.1　TensorBoard 基本介绍

当使用 TensorFlow 训练大量深层的神经网络时，我们希望去跟踪神经网络整个训练过程中的信息，例如迭代过程中每一层参数是如何变化与分布的，每次循环参数更新后模型在测试集与训练集上的准确率，以及损失值的变化情况等。如果能在训练过程中将一些信息加以记录并可视化地表现出来，能够加深对整个神经网络的理解与把握，并能及时根据可视化过程中的问题调整参数，改善网络性能。

为了更方便 TensorFlow 程序的理解、调试与优化，Google 公司发布了一套叫作 TensorBoard 的可视化工具，TensorBoard 是 TensorFlow 下的一个可视化的工具，能在模型训练过程中将各种数据汇总起来，存在自定义路径的日志文件中，然后在指定的 Web 端可视化地展现这些信息。TensorBoard 能展示训练过程中的损失函数、权重、直方图、网络结构等。

TensorBoard 主要可以可视化以下 8 种类型的数据。

- 标量（Scalars）：用于记录和展示训练过程中的指标趋势，如准确率或者训练损失，以便观察损失是否正常收敛。
- 图片（Images）：用于查看输入或生成的图片样本，辅助开发者定位问题，可用于卷积层或者其他参数的图形化展示。
- 音频（Audio）：显示可播放的音频。
- 计算图（Graph）：显示代码中定义的计算图，也可以显示每个节点的计算时间、内存使用等情况。
- 数据分布（Distribution）：显示模型参数随迭代次数的变化情况。
- 直方图（Histograms）：用于可视化任何 Tensor 中数值的变化趋势，例如，可以用于记录参数在训练过程中的分布变化趋势，分析参数是否正常训练，有无异常值，分布是否符合预期等。
- 嵌入向量（Embeddings）：在 3D 或者 2D 图中展示高维数据。
- 文本（Text）：显示保存的一小段文字。

TensorBoard 通过读取 TensorFlow 的事件文件来运行，TensorFlow 的事件文件包括了 TensorFlow 运行中涉及的主要数据。

7.1.2　TensorBoard 使用步骤

通过 TensorBoard 进行可视化的操作步骤如下：

（1）建立一个计算图，从其中获取某些数据的信息。

（2）确定要在计算图中的哪些节点放置 Summary 的操作以记录信息，这些 Summary 操作主要用于将相关数据序列化成字符串 Tensor。

（3）使用 tf.summary.FileWriter()将运行后输出的数据都保存到本地磁盘中。

（4）运行程序，并在命令行窗口中输入运行 TensorBoard 的指令，之后打开 Web 端查看可视化结果。

下面利用 TesorBoard 实现可视化操作，代码如下（代码位置：chapter07/config_visualization.py）。

```
1  import tensorflow as tf
2  with tf.name_scope("add") as scope:
3       matrix1 = tf.constant([2,4,6],name="maxtrix1")
4       matrix2 = tf.constant([7,8,9],name="maxtrix2")
5       result = tf.add(matrix1,matrix2,name="result")
6  with tf.Session() as sess:
7       init_op= tf.global_variables_initializer()
```

```
8        sess.run(init_op)
9        writer = tf.summary.FileWriter("/logs",sess.graph)
```

第1行代码：导入tensorflow类库，并简写为tf。

第2行代码：创建命名空间，该命名空间的名称为add。

第3～4行代码：声明两个矩阵maxtrix1与maxtrix2，都是1行3列的矩阵。

第5行代码：使用tf.add()函数实现加法运算。

第6～8行代码：创建会话，使用上下文管理器管理会话，在会话重初始化变量。

第9行代码：通过tf.summary.FileWriter()将计算图写入到本地logs目录中。

运行代码，观察当前项目目录，发现新生成一个名为 logs 目录。在命令行窗口运行TensorBoard，具体操作为在 Anconda 下运行 tensorboard --logdir logs=training:logs 目录（见图7-1）。

```
tensorflow) C:\Users\siso\Documents>tensorboard --logdir=d:\logs
ensorBoard 1.11.0 at http://LAPTOP-GHEMEJTE:6006 (Press CTRL+C to quit)
```

图7-1　运行TensorBoard

运行成功后，在浏览器中打开http://localhost:6006，可看到如图7-2所示界面。

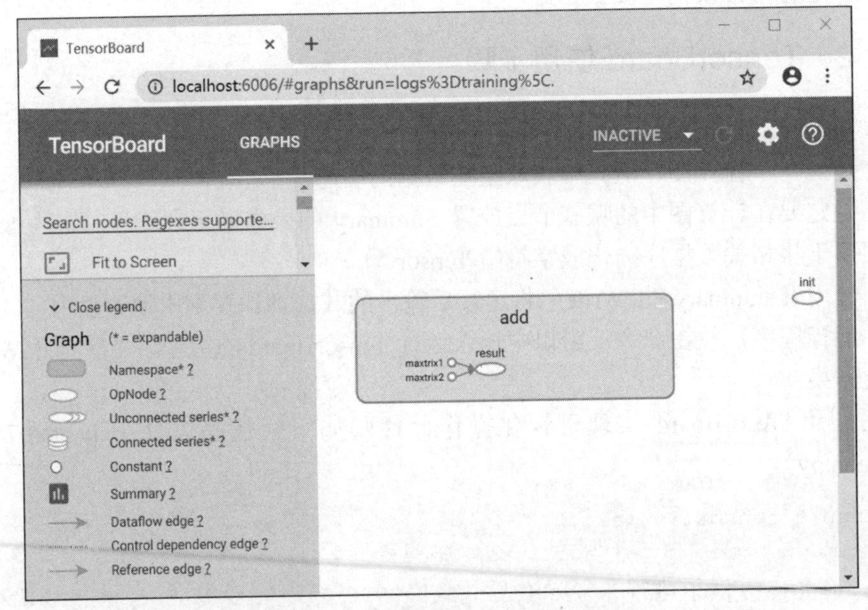

图7-2　TensorBoard的可视化界面

TensorBoard 在呈现图的过程中有很多节点符号，熟练掌握这些节点符号有助于迅速理解神经网络的运行机制。常见的节点符号如图7-3所示。

符号	意义
	*High-level*节点代表一个名称域，双击则展开一个高层节点
	彼此之间不连接的有限个节点序列
	彼此之间相连的有限个节点序列
	一个单独的操作节点
	一个常量节点
	一个摘要节点
	显示各操作间的数据流边
	显示各操作间的控制依赖边
	引用边，表示出度操作节点可以使入度Tensor发生变化

图 7-3　TensorBoard 常见节点符号及意义

7.2　TensorBoard 可视化

7.2.1　标量与直方图可视化

对模型的准确率、损失函数、学习速率等标量进行可视化时，经常会用到折线图（见图 7-4）。通过 Scalar 可以查看这些变量随训练过程的进行而逐步变化的过程，进而可以判断出模型的优劣。Scalar 只能用于单个标量的显示，不能用于张量的显示。

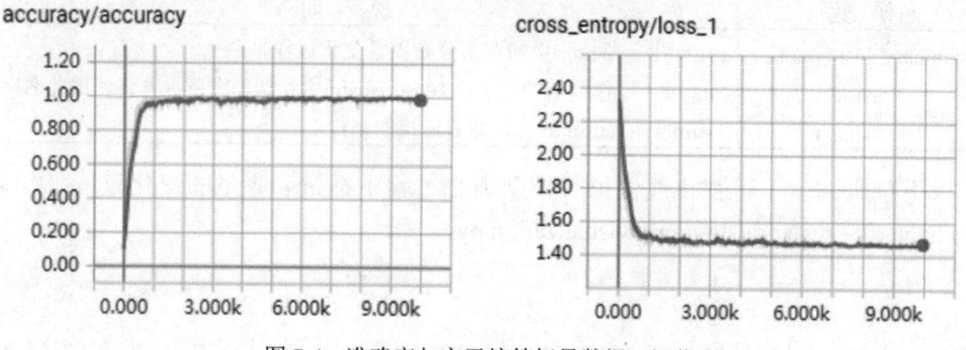

图 7-4　准确率与交叉熵等标量数据可视化

TensorFlow 提供了可视化标量的函数方法 tf.summary.scalar()，其语法格式如表 7-1 所示。

TensorBoard 直方图（见图 7-5）主要用于统计 TensorFlow 中张量随迭代轮数的变化情况，展现特定层激活前后、权重和偏置的分布。

表 7-1　标量数据可视化函数

函　　数	说　　明
tf.summary.scalar(name, values)	可视化训练过程中，随着迭代次数的增加准确率、损失值、学习率等的变化。 **name**：此操作节点的名字，TensorBoard中绘制的图形纵轴将使用此名字。 **values**：tensor的值，即要监控的变量

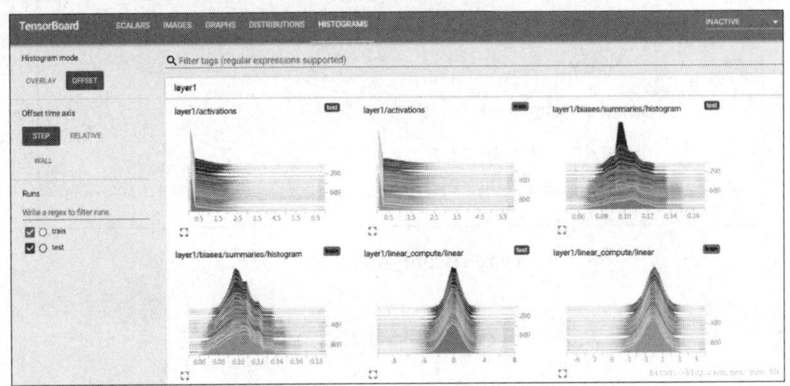

图 7-5　TensorBoard直方图

TensorFlow中，函数tf.summary. histogram()用于可视化直方图，其语法格式如表7-2所示。

表 7-2　直方图可视化函数

函　　数	说　　明
tf.summary. histogram (name, values)	主要用于监控张量的取值分布以及变化过程。 **name**：操作节点的名字，TensorBoard中绘制的图形纵轴将使用此名字。 **values**：Tensor的值，即要监控的张量

以下代码演示了可视化线性拟合模型训练过程中标量和张量的变化过程（代码位置：chapter05/ scalar_histogram _visualization.py）。

```
1  import tensorflow as tf
2  import numpy as np
3  def add_layer(inputs, in_size, out_size, n_layer, activation_function=None):
4       layer_name = "layer%s" % n_layer
5       with tf.name_scope(layer_name):
6            with tf.name_scope('weights'):
7                 Weights = tf.Variable(tf.random_normal([in_size, out_size]))
8                 tf.summary.histogram(layer_name + "/weights", Weights)
9            with tf.name_scope('biases'):
```

```
10                biases = tf.Variable(tf.zeros([1, out_size]) + 0.1)
11                tf.summary.histogram(layer_name + "/biases", biases)
12            with tf.name_scope('Wx_plus_b'):
13                Wx_plus_b = tf.matmul(inputs, Weights) + biases
14                tf.summary.histogram(layer_name + "/Wx_plus_b", Wx_plus_b)
15            if activation_function is None:
16                outputs = Wx_plus_b
17            else:
18                outputs = activation_function(Wx_plus_b)
19                tf.summary.histogram(layer_name + "/outputs", outputs)
20            return outputs
21 with tf.name_scope('inputs'):
22     xs = tf.placeholder(tf.float32, [None, 1], name='x_input')
23     ys = tf.placeholder(tf.float32, [None, 1], name='y_input')
24 x_data = np.linspace(-1, 1, 300)[:,np.newaxis]
25 noise = np.random.normal(0, 0.5, x_data.shape)
26 y_data= np.square(x_data)-0.5+noise
27 layer1 = add_layer(xs, 1, 10, n_layer=1, activation_function=tf.nn.relu)
28 y = add_layer(layer1, 10, 1, n_layer=2, activation_function=None)
29 with tf.name_scope('loss'):
30     loss = tf.reduce_mean(
31         tf.reduce_sum(tf.square(ys - y), reduction_indices=[1]))
32     tf.summary.scalar('loss', loss)
33 with tf.name_scope('train'):
34     train_step = tf.train.GradientDescentOptimizer(0.1).minimize(loss)
35 merged =tf.summary.merge_all()
36 init_op = tf.global_variables_initializer()
37 with tf.Session() as sess:
38     sess.run(init_op)
39     writer = tf.summary.FileWriter("logs/", sess.graph)
40     for i in range(1000):
41         sess.run(train_step, feed_dict={xs: x_data, ys: y_data})
42         if i % 50 == 0:
43             run_metadata = tf.RunMetadata()
44             writer.add_run_metadata(run_metadata, "step%03d" % i)
45             result = sess.run(merged, feed_dict={xs: x_data, ys:
  y_data})
46             writer.add_summary(result, i)
47     writer.close()
```

第 1～2 行代码：分别导入 tensorflow 类库与 numpy 类库。

第 3 行代码：def add_layer()定义一个函数，该函数主要实现线性拟合运算。

第 6～8 行代码：创建 weights 命名空间，将直方图写入 TesnorBoard 可视化文件。

第 9～11 行代码：创建 biases 命名空间，将偏置项写入 TensorBoard 可视化文件。

第 12～14 行代码：创建 Wx_plus_b 命名空间，将线性运算后的结果写入 TensorBoard 可视化文件。

第 15～19 行代码：判断是否使用激活函数，如果使用激活函数，则将激活后的结果写入 TensorBoard 可视化文件。

第 21～23 行代码：创建 inputs 命名空间，并声明 x 和 y 占位符，表示输入的数据以及运算结果。

第 24 行代码：使用 np.linspace()函数在 (-1,1)产生 300 个点。

第 25 行代码：根据点的形状，产生随机噪声。

第 26 行代码：实现线性拟合运算模型。

第 27～28 行代码：实现向前传输运算，获得运算结果。

第 29～32 行代码：声明损失函数、并角损失函数作为标量，并将其值写入 TensorBoard 可视化文件中。

第 35 行代码：将所有的可视化文件合并。

第 36～38 行代码：创建会话，使用上下文管理器管理会话，在会话中初始化所有变量。

第 39 行代码：将计算图写入 TensorBoard 可视化文件。

第 40～47 行代码：循环 1000 轮，每轮向网络中喂入训练数据和标签，每隔 50 轮将训练后的值写入 TensorBoard 日志文件。

上述代码运行结果如图 7-6 所示。

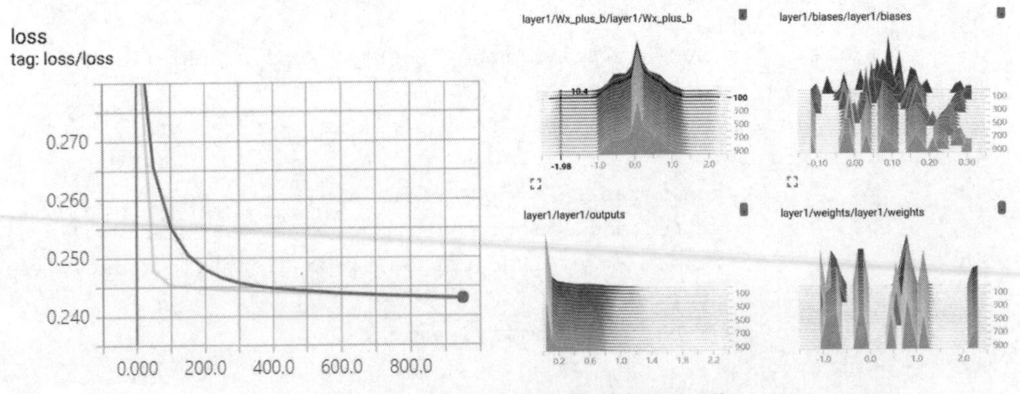

图 7-6　TensorBoard 损失函数和张量可视化

7.2.2　卷积过程可视化

卷积的可视化，主要是对卷积后的结果进行反卷积（卷积的转置）。反卷积的过程其实也是做卷积操作，如果经过池化处理和激活函数处理还需要进行反池化和反激活函数。

TensorFlow 中内置了反卷积函数（详见 5.3.3 小节），目前还没有反池化和反激活函数，需要自己来实现。

TensorFlow 中的卷积过程可视化函数语法格式如表 7-3 所示。

表 7-3　卷积过程可视化

函　　数	说　　明
tf.summary.image(name, values, max_outputs=3)	作用：输出带有图像的 Summary 协议缓冲区。 **name**：操作节点名字，TensorBoard 中绘制的图形纵轴将使用此名字。 **values**：Tensor 的值，也就是要监控的图像数据，构建图像的 Tensor 必须是 4D 形状[batch_size, height, width, channels]。 **max_outputs**：待生成图像最大的批处理元素数

```
1  import tensorflow.examples.tutorials.mnist.input_data as input_data
2  import tensorflow as tf
3  mnist = input_data.read_data_sets("data/", one_hot=True)
4  def weight_variable(shape):
5      initial = tf.truncated_normal(shape, stddev=0.1)
6      return tf.Variable(initial)
7  def bias_variable(shape):
8      initial = tf.constant(0.1, shape=shape)
9      return tf.Variable(initial)
10 def conv2d(x, w):
11     return tf.nn.conv2d(x, w, strides=[1, 1, 1, 1], padding='SAME')
12 def max_pool_2X2(x):
13     return tf.nn.max_pool(x, ksize=[1, 2, 2, 1], strides=[1, 2, 2,
   1], padding='SAME')
14 def variable_summaries(var, name):
15     with tf.name_scope('summaries'):
16         mean = tf.reduce_mean(var)
17         tf.summary.scalar('mean/' + name, mean)
18         with tf.name_scope('stddev'):
19             stddev = tf.sqrt(tf.reduce_mean(tf.square(var - mean)))
20         tf.summary.scalar('stddev/' + name, stddev)
21         tf.summary.histogram(name, var)
22 def conv_image_visual(conv_image, image_weight, image_height, cy, cx,
```

```
channels):
23      conv_image = tf.slice(conv_image, (0, 0, 0, 0), (1, -1, -1, -1))
24      conv_image = tf.reshape(conv_image, (image_height, image_weight,
  channels))
25      image_weight += 4
26      image_height += 4
27      conv_image = tf.image.resize_image_with_crop_or_pad(conv_image,
  image_height, image_weight)
28      conv_image = tf.reshape(conv_image, (image_height, image_weight,
  cy, cx))
29      conv_image = tf.transpose(conv_image, (2, 0, 3, 1))
30      conv_image = tf.reshape(conv_image, (1, cy * image_height, cx *
  image_weight, 1))
31      return conv_image
32 with tf.name_scope('intput'):
33      x = tf.placeholder(tf.float32, shape=[None, 784], name='x')
34      y_ = tf.placeholder(tf.float32, shape=[None, 10], name='labels')
35      input_image = tf.reshape(x, shape=[-1, 28, 28, 1])
36      tf.summary.image('input_image', input_image, max_outputs=1)
37 with tf.name_scope('cnn_block'):
38      w_conv1 = weight_variable([5, 5, 1, 32])
39      b_conv1 = bias_variable([32])
40      variable_summaries(w_conv1, 'first_cnn_layer_weight')
41      variable_summaries(b_conv1, 'first_cnn_layer_bais')
42      with tf.name_scope('reshape'):
43           # 将输入数据转换成 28×28，channel = 1 的图像
44           x_image = tf.reshape(x, [-1, 28, 28, 1])
45      with tf.name_scope('first_cnn_layer'):
46           # 进行第 1 层卷积网络运算 h_conv1=[-1,28,28,32]
47           h_conv1 = tf.nn.relu(conv2d(x_image, w_conv1) + b_conv1)
48           with tf.name_scope('conv1_vis'):
49                conv1_image = conv_image_visual(h_conv1, 28, 28, 4, 8, 32)
50                tf.summary.image('h_conv1', conv1_image)
51           with tf.name_scope('first_pool_layer'):
52                h_pool1 = max_pool_2X2(h_conv1)
53           with tf.name_scope('second_cnn_layer'):
54                # 第 2 层卷积网络
55           w_conv2 = weight_variable([5, 5, 32, 64])
56           b_conv2 = bias_variable([64])
57           # 第 2 层卷积输出[batch_size,14,14,64]
58           h_conv2 = tf.nn.relu(conv2d(h_pool1, w_conv2) + b_conv2)
59           with tf.name_scope('conv2_vis'):
60                conv2_iamge = conv_image_visual(h_conv2, 14, 14, 8, 8, 64)
```

```
61                  tf.summary.image('h_conv2', conv2_iamge)
62             with tf.name_scope('second_pool_layer'):
63                  h_pool2 = max_pool_2X2(h_conv2)
64        with tf.name_scope('first_fullconect_layer'):
65             # 经过两个池化操作，图片从 28×28 降维到了 7×7
66             w_fc1 = weight_variable([7 * 7 * 64, 1024])
67             b_fc1 = bias_variable([1024])
68             # reshape 为行向量
69             with tf.name_scope('h_pool2_reshape'):
70                  h_pool2_reshape = tf.reshape(h_pool2, [-1, 7 * 7 * 64])
71             h_fc1 = tf.nn.relu(tf.matmul(h_pool2_reshape, w_fc1) + b_fc1)
72             # 使用 DropOut 防止过拟合
73             with tf.name_scope('dropout'):
74                  keep_prob = tf.placeholder(tf.float32)
75                  h_fc1_drop = tf.nn.dropout(h_fc1, keep_prob)
76        with tf.name_scope('out_put_layer'):
77             # 输出层
78             w_fc2 = weight_variable([1024, 10])
79             b_fc2 = bias_variable([10])
80   with tf.name_scope('softmax'):
81        y_conv = tf.nn.softmax(tf.matmul(h_fc1_drop, w_fc2) + b_fc2)
82   # 损失函数
83   with tf.name_scope('cross_entropy'):
84        cross_entropy = -tf.reduce_sum(y_ * tf.log(y_conv))
85        tf.summary.scalar('cross_entropy', cross_entropy)
86   with tf.name_scope('train_step'):
87        train_step = tf.train.AdamOptimizer(1e-4).minimize(cross_entropy)
88   with tf.name_scope('accuracy'):
89        with tf.name_scope('correct_prediction'):
90             correct_prediction = tf.equal(tf.argmax(y_conv, 1),tf.argmax
  (y_, 1))
91        with tf.name_scope('accuracy'):
92             accuracy = tf.reduce_mean(tf.cast(correct_prediction, tf.float32))
93        tf.summary.scalar('accuracy', accuracy)
94   init_op = tf.global_variables_initializer()
95   merged = tf.summary.merge_all()
96   with tf.Session() as sess:
97        sess.run(init_op)
98        train_writer = tf.summary.FileWriter("logs/", sess.graph)
99        for i in range(1000):
100            batch = mnist.train.next_batch(50)
101            summary, _ = sess.run([merged, train_step], feed_dict={x:
  batch[0], y_: batch[1], keep_prob: 0.5})
```

```
102             train_writer.add_summary(summary, i)
103             if i % 10 == 0:
104                 summary, acc = sess.run([merged, accuracy], feed_dict=
    {x: batch[0], y_:
105                   batch[1], keep_prob: 0.5})
106                   train_writer.add_summary(summary, i)
107                   print("step %d,training accuracy %g" % (i, acc))
108         train_writer.close();
```

第 1～2 行代码：分别导入 MNIST 类库和 tensorflow 类库。

第 3 行代码：读取 MNIST 数据集，将数据集的标签转换为独热表示。

第 4～9 行代码：创建权重和偏置项命名空间，在两个命名空间中，分别创建权重与偏置项。

第 10～13 行代码：创建卷积核最大池化操作函数。

第 14～21 行代码：声明将标量、直方图写入 TesnorBoard 可视化文件中。

第 22～31 行代码：可视化卷积后的图像。

第 32～36 行代码：在 input 命名空间中，声明 x 和 y 占位符，表示输入的图像数据与计算结果。

第 37～70 行代码：实现卷积、池化操作，构建卷积神经网络模型。

第 82～87 行代码：在命名空间中定义损失函数。

第 88～93 行代码：计算训练结果的准确率。

第 96～107 行代码：在会话中进行训练，将训练的参数值写入 TensorBoard 可视化文件中。

运行程序，其图像可视化效果如图 7-7 所示。

图 7-7　图像可视化效果

7.2.3　训练过程可视化

下面以二维线性拟合模型为例，可视化训练过程中各种数据的变化过程，并将模型可视化（代码位置：chapter07/visualization_training_process.py）。

（1）构建一个二维数据拟合模型，代码如下。

```
1  import tensorflow as tf
2  import numpy as np
   # 构建模型
3  x_data = np.linspace(-1, 1, 300)[:, np.newaxis]
4  noise = np.random.normal(0, 0.05, x_data.shape)
5  y_data = np.square(x_data) - 0.5 + noise
```

第 3 行代码：np.linspace(−1, 1, 300)，在−1 到 1 产生 300 个数据，并将该数据转换为矩阵形式。

第 4 行代码：根据矩阵的形状，产生噪声点。

第 5 行代码：利用线性拟合模型产生输出。

（2）实现向前传输过程，代码如下。

```
   # 输入层
6  with tf.name_scope('input_layer'):
7      xs = tf.placeholder(tf.float32, [None, 1], name='x_input')
8      ys = tf.placeholder(tf.float32, [None, 1], name='y_input')
   # 隐藏层
9  with tf.name_scope('hidden_layer'):
10     with tf.name_scope('weight'):      # 权重
11         W1 = tf.Variable(tf.random_normal([1, 10]))
12         tf.summary.histogram('hidden_layer/weight', W1)
13     with tf.name_scope('bias'):        # 偏置
14         b1 = tf.Variable(tf.zeros([1, 10]) + 0.1)
15         tf.summary.histogram('hidden_layer/bias', b1)
16     with tf.name_scope('Wx_plus_b'):  # 净输入
17         Wx_plus_b1 = tf.matmul(xs, W1) + b1
18         tf.summary.histogram('hidden_layer/Wx_plus_b', Wx_plus_b1)
19     output1 = tf.nn.relu(Wx_plus_b1)
   # 输出层
20 with tf.name_scope('output_layer'):
21     with tf.name_scope('weight'):       # 权重
22         W2 = tf.Variable(tf.random_normal([10, 1]))
23         tf.summary.histogram('output_layer/weight', W2)
24     with tf.name_scope('bias'):         # 偏置
```

```
25           b2 = tf.Variable(tf.zeros([1, 1]) + 0.1)
26           tf.summary.histogram('output_layer/bias', b2)
27       with tf.name_scope('Wx_plus_b'):   # 净输入
28           Wx_plus_b2 = tf.matmul(output1, W2) + b2
29           tf.summary.histogram('output_layer/Wx_plus_b', Wx_plus_b2)
30       output2 = Wx_plus_b2
```

第 6～8 行代码：定义输入层的占位符，并将该输入层的节点命名为 input_layer。

第 9～18 行代码：定义一个隐藏层，将隐藏层的权重向量、偏置项以及计算结果写入 TenosrBoard 直方图中。

第 20～29 行代码：定义一个输入层，将该层的权重向量、偏置项以及计算结果写入 TensorBoard 直方图中。

第 30 行代码：返回第 2 层神经网络的输出结果。

（3）对模型进行优化与训练，代码如下。

```
31 with tf.name_scope('loss'):  # 损失
32       loss = tf.reduce_mean(tf.reduce_sum(tf.square(ys - output2),
   reduction_indices=[1]))
33       tf.summary.scalar('loss', loss)
34 with tf.name_scope('train'):  # 训练过程
35       crain_step = tf.train.GradientDescentOptimizer(0.1).minimize(loss)
36 init = tf.global_variables_initializer()
37 with tf.Session() as sess:
38       sess.run(init)
39       merged = tf.summary.merge_all()
40       writer = tf.summary.FileWriter('logs', sess.graph)
41       for i in range(1000):
42           sess.run(train_step, feed_dict={xs: x_data, ys: y_data})
43           if (i % 50 == 0):
44           result = sess.run(merged, feed_dict={xs: x_data, ys: y_data})
45           writer.add_summary(result, i)  # 将日志数据写入文件
46       writer.close()
```

第 31～33 行代码：定义了均方误差损失函数，并将该标量写入 TensorBoard 直方图中。

第 34～35 行代码：定义了梯度下降法。

第 39 行代码：建立一个 merged 对象，将所有 Summary 全部保存到磁盘，以便 TensorBoard 显示。

第 40 行代码：建立一个 writer 对象，将计算图写到本地 logs 文件夹下。

第 44～45 行代码：每 50 次运行，保存一次运行结果，并将其添加 Summary 中。

第 46 行代码：文件写入完毕，关闭写入流程。

执行上述代码，将在“当前路径/logs”目录下生成 events.out.tfevents.{time}.{machine- name}文件。在当前目录输入：

```
tensorboard --logdir=training:文件目录
```

执行上述 bat 文件，打开浏览器，输入地址 http://localhost:6006，就可以查看训练过程中的各种图形了（见图 7-8～图 7-10）。

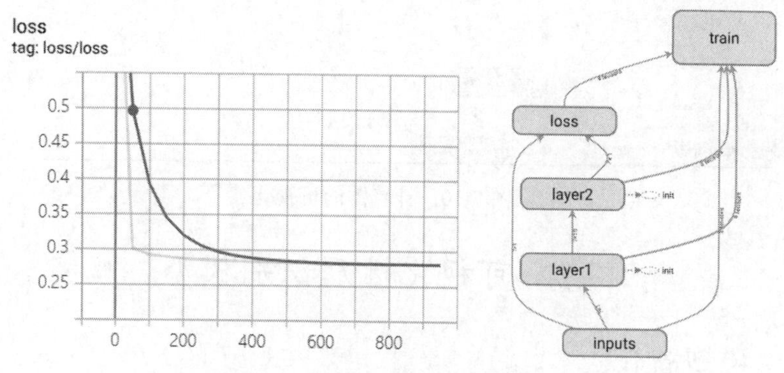

图 7-8　损失函数以计算图模型

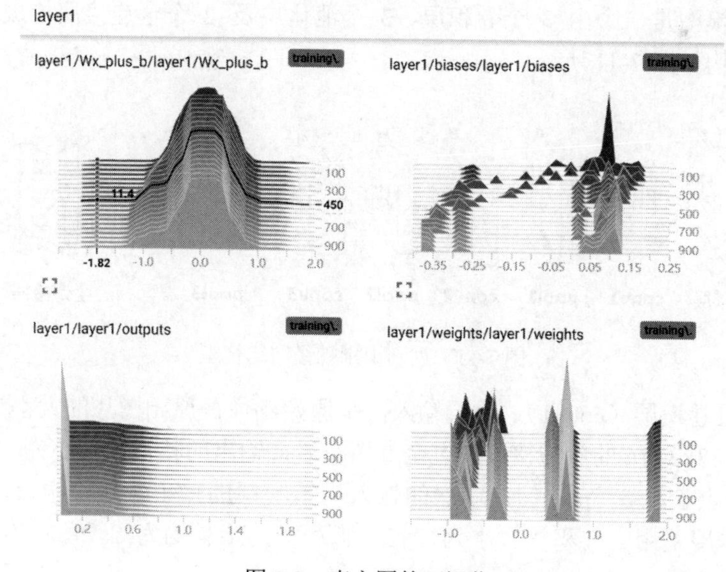

图 7-9　直方图的可视化

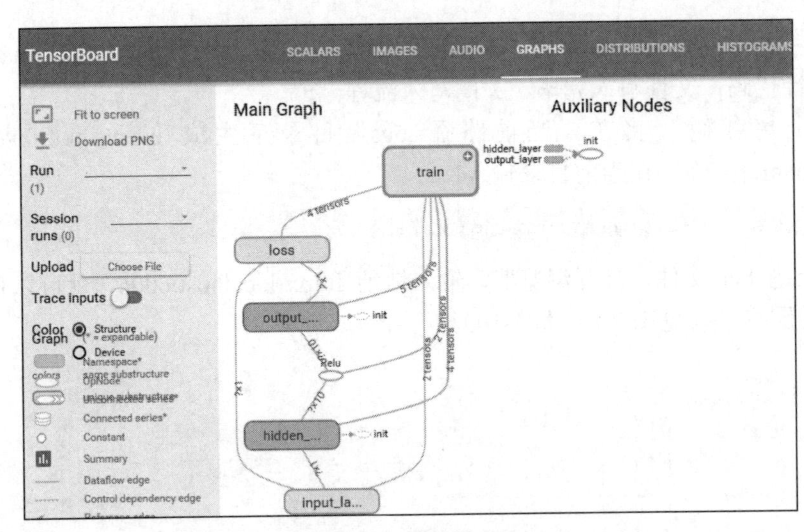

图 7-10　计算图的可视化

7.3　可视化性别识别模型

7.3.1　模型简介

性别识别模型是一个由 3 个卷积层、3 个池化层及 2 个全连接层构成的神经网络模型，其网络结构如图 7-11 所示。

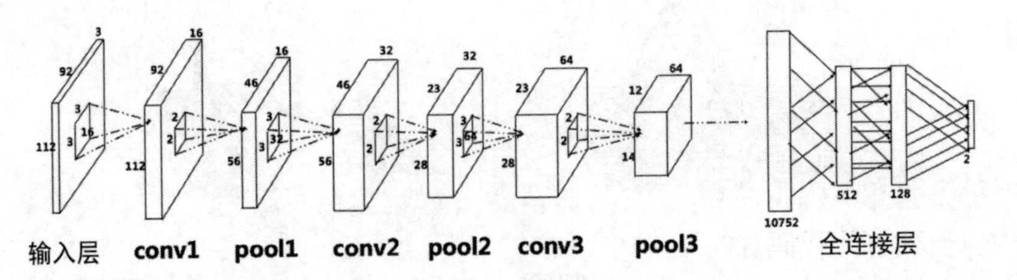

图 7-11　性别识别神经网络模型

- 第 1 层卷积层（conv1）：本层输入的是原始图像，原始图片的大小为 112×92×3，经过 3×3×3×16 的卷积核，通过全 0 填充后，输出的特征图大小为 112×92×16。
- 第 2 层池化层（pool1）：本层的输入为第一层的输出，是一个 112×92×16 的矩阵。本层采用的卷积核大小为 2×2，长和宽的步长均为 2，所以本层的输出矩阵大小是 56×46×16。
- 第 3 层卷积层（conv2）：本层的输入矩阵大小为 56×46×16，使用的卷积核大小为

3×3×16×32，使用全 0 填充，步长为 1。本层输出的特征图大小为 56×46×32。

- 第 4 层池化层（pool2）：本层输入的矩阵大小为 10×10×16，采用的卷积核大小为 2×2，步长为 2，输出的特征图大小为 28×23×32。
- 第 5 层卷积层（conv3）：本层输入的矩阵大小为 28×23×32，使用的卷积核大小为 3×3×32×64，使用全 0 填充，步长为 1。本层输出的特征图大小为 28×23×64。
- 第 6 层池化层（pool3）：本层的输入矩阵大小为 28×23×64，采用的卷积核大小为 2×2，步长为 2，输出的特征图大小为 14×12×64。
- 第 7 层全连接层：本层的输入节点数为 14×12×64=10752 个，本层的输出节点数为 512 个。
- 第 8 层全连接层：输入节点数为 512 个，输出节点数为 128 个。
- 第 9 层全连接层：输入节点数为 128 个，输出节点数为 2 个。

7.3.2　读取数据集

data 目录下包含 male 和 female 文件夹，其中存储的分别是男性和女性的头像及标签，每个图像的大小为 112×92×3。其中，男性部分头像如图 7-12 所示。

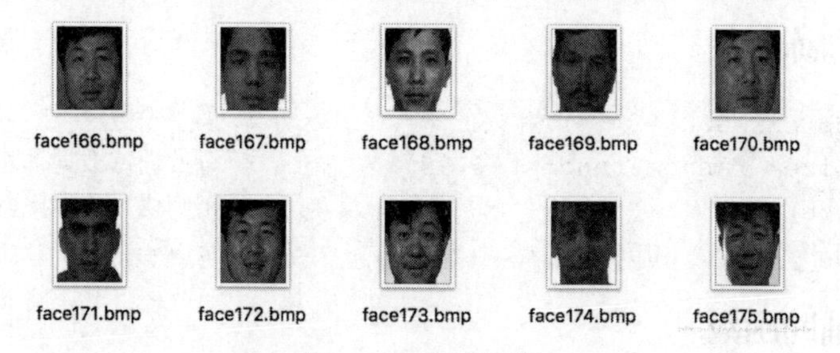

图 7-12　男性头像

训练模型的第一步，需要读取 male 和 female 文件夹中的数据，并将图片打乱，分成测试集与训练集，代码如下（chapter07/gender_train_data.py）。

```
1 def read_img(list,flag=0):
2     for i in range(len(list)-1):
3         if os.path.isfile(list[i]):
4             images.append(cv2.imread(list[i]).flatten())
5             labels.append(flag)
6 read_img(get_img_list('male'),[0,1])
7 read_img(get_img_list('female'),[1,0])
8 images = np.array(images)
9 labels = np.array(labels)
```

```
10 permutation = np.random.permutation(labels.shape[0])
11 all_images = images[permutation,:]
12 all_labels = labels[permutation,:]
13 train_total = all_images.shape[0]
14 train_nums= int(all_images.shape[0]×0.8)
15 test_nums = all_images.shape[0]-train_nums
16 images = all_images[0:train_nums,:]
17 labels = all_labels[0:train_nums,:]
18 test_images = all_images[train_nums:train_total,:]
19 test_labels = all_labels[train_nums:train_total,:]
```

上述代码首先读取数据集中的图片，然后将所有图片打乱，分为测试集与训练集，且测试集与训练集中的图片数量比例为 2∶8。

7.3.3　训练模型

训练模型主要是根据网络结构搭建向前传输的过程，其搭建过程代码如下（代码位置：chapter07/gender_training.py）。

1. 定义训练参数

```
1 train_epochs=3000                          # 训练轮数
2 batch_size= random.randint(6,18)           # 每次训练数据，随机
3 drop_prob = 0.4                            # 正则化，丢弃比例
4 learning_rate=0.00001                      # 学习率
```

2. 定义辅助函数

```
5 def weight_init(shape):
6     weight = tf.truncated_normal(shape,stddev=0.1,dtype=tf.float32)
7     return tf.Variable(weight)
8 def bias_init(shape):
9     bias = tf.random_normal(shape,dtype=tf.float32)
10    return tf.Variable(bias)
11 def fch_init(layer1,layer2,const=1):
12    min = -const * (6.0 / (layer1 + layer2));
13    max = -min;
14    weight = tf.random_uniform([layer1, layer2], minval=min,
  maxval=max, dtype=tf.float32)
15    return tf.Variable(weight)
16 def conv2d(images,weight):
```

```
17      return tf.nn.conv2d(images,weight,strides=[1,1,1,1],
   padding='SAME')
18  def max_pool2x2(images,tname):
19      return.tf.nn.max_pool(images,ksize=[1,2,2,1],
   strides=[1,2,2,1],padding='SAME',name=tname)
```

第 5～7 行代码：def weight_init() 主要用于定义网络的权重。

第 8～10 行代码：bias_init() 用于获得网络连接的偏置项。

第 11～14 行代码：将全连接矩阵初始化。

第 16～17 行代码：定义卷积操作。

第 18～19 行代码：定义池化操作。

3. 定义网络输入

```
20  images_input = tf.placeholder(tf.float32,[None,112*92*3],
    name='input_images')
21  labels_input = tf.placeholder(tf.float32,[None,2],name='input_labels')
22  x_input = tf.reshape(images_input,[-1,112,92,3])
```

第 20～21 行代码：定义网络输入的占位符。

第 22 行代码：将占位符转变为符合神经网络的输入格式。

4. 模型训练与保存

```
  # 卷积核大小为 3×3×3，16 个，第 1 层卷积
23  w1 = weight_init([3,3,3,16])
24  b1 = bias_init([16])
25  conv_1 = conv2d(x_input,w1)+b1
26  relu_1 = tf.nn.relu(conv_1,name='relu_1')
27  max_pool_1 = max_pool2x2(relu_1,'max_pool_1')
  # 卷积核大小为 3×3×16，32 个  第 2 层卷积
28  w2 = weight_init([3,3,16,32])
29  b2 = bias_init([32])
30  conv_2 = conv2d(max_pool_1,w2) + b2
31  relu_2 = tf.nn.relu(conv_2,name='relu_2')
32  max_pool_2 = max_pool2x2(relu_2,'max_pool_2')
  # 卷积核 3×3×32，64 个，第 3 层卷积
33  w3 = weight_init([3,3,32,64])
34  b3 = bias_init([64])
35  conv_3 = conv2d(max_pool_2,w3)+b3
```

```
36  relu_3 = tf.nn.relu(conv_3,name='relu_3')
37  max_pool_3 = max_pool2x2(relu_3,'max_pool_3')
38  f_input = tf.reshape(max_pool_3,[-1,14×12×64])
   #全连接第1层，3×3×64，512个
39  f_w1= fch_init(14×12×64,512)
40  f_b1 = bias_init([512])
41  f_r1 = tf.matmul(f_input,f_w1) + f_b1
42  f_relu_r1 = tf.nn.relu(f_r1)
43  f_dropout_r1 = tf.nn.dropout(f_relu_r1,drop_prob)
44  f_w2 = fch_init(512,128)
45  f_b2 = bias_init([128])
46  f_r2 = tf.matmul(f_dropout_r1,f_w2) + f_b2
47  f_relu_r2 = tf.nn.relu(f_r2)
48  f_dropout_r2 = tf.nn.dropout(f_relu_r2,drop_prob)
49  #全连接第2层，512节点
50  f_w3 = fch_init(128,2)
51  f_b3 = bias_init([2])
52  f_r3 = tf.matmul(f_dropout_r2,f_w3) + f_b3
53  f_softmax = tf.nn.softmax(f_r3,name='f_softmax')
54  #定义交叉熵
55  cross_entry = tf.reduce_mean(tf.reduce_sum(-labels_input×tf.
    log(f_softmax)))
56  optimizer = tf.train.AdamOptimizer(learning_rate).minimize(cross_entry)
57  #计算准确率
58  arg1 = tf.argmax(labels_input,1)
59  arg2 = tf.argmax(f_softmax,1)
60  cos = tf.equal(arg1,arg2)
61  acc = tf.reduce_mean(tf.cast(cos,dtype=tf.float32))
62  init = tf.global_variables_initializer()
63  sess = tf.Session()
64  sess.run(init)
65  Cost = []
66  Accuracy=[]
67  for i in range(train_epochs):
68      idx=random.randint(0,len(train_data.images)-20)
69      batch= random.randint(6,18)
70      train_input = train_data.images[idx:(idx+batch)]
71      train_labels = train_data.labels[idx:(idx+batch)]
72      result,acc1,cross_entry_r,cos1,f_softmax1,relu_1_r=
    sess.run([optimizer,acc,cross_entry,cos,f_softmax,relu_1],
```

```
   feed_dict={images_input:train_input,labels_input:train_labels})
73      Cost.append(cross_entry_r)
74      Accuracy.append(acc1)
75  #保存模型
76  saver = tf.train.Saver()
77  saver.save(sess, './model/my-gender')
```

7.3.4 可视化模型

对于训练集中的任意一个样本，其可视化效果如图 7-13 所示。

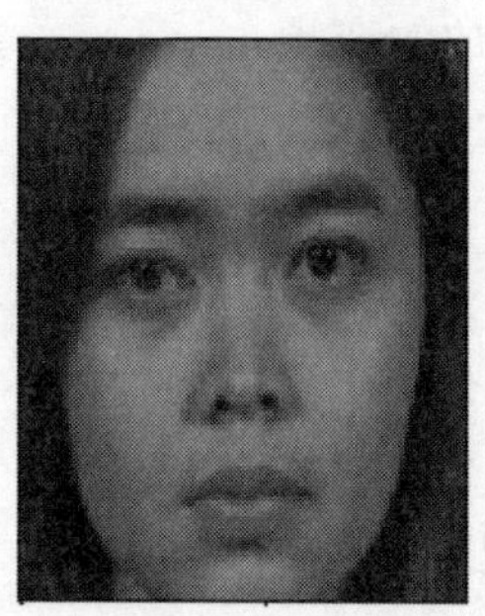

图 7-13　随机样本可视化效果

第 1 层卷积后的特征：

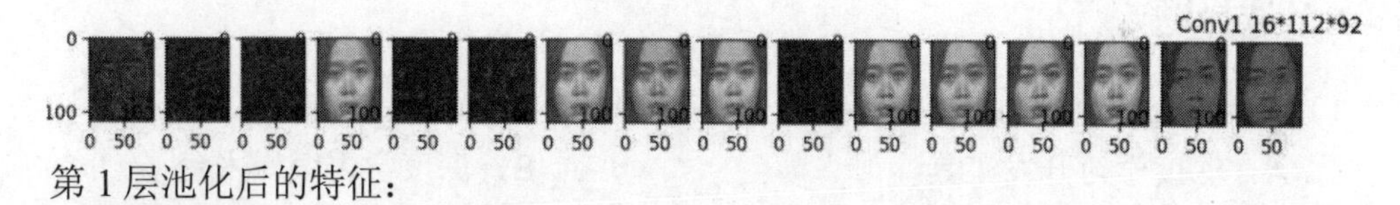

第 1 层池化后的特征：

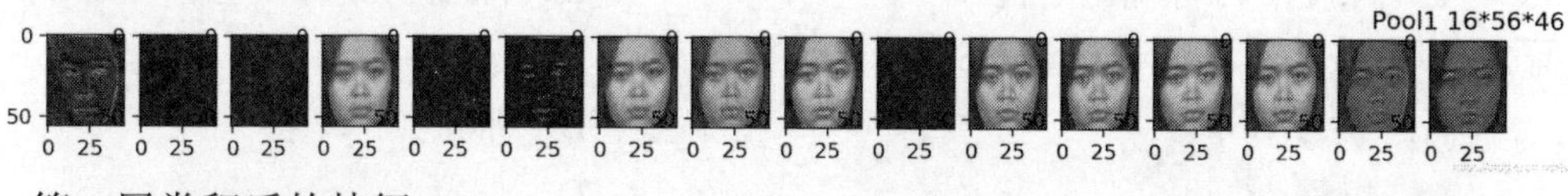

第 2 层卷积后的特征：

第 2 层池化后的特征：

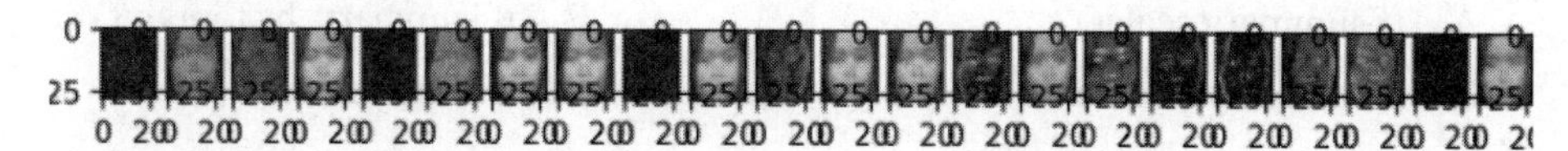

7.4 本章小结

为了更方便 TensorFlow 程序的理解、调试与优化，Google 公司发布了一套叫作 TensorBoard 的可视化工具，能在模型训练过程中将各种数据汇总起来，存在自定义的路径与日志文件中，然后在指定的 Web 端可视化地展现这些信息。TensorBoard 主要可以可视化以下 8 种类别的数据。

（1）标量（Scalars）：存储和显示诸如学习率和损失等单个值的变化趋势。

（2）图片（Images）：对于输入是图像的模型，显示某一步输入模型的图像。

（3）音频（Audio）：显示可播放的音频。

（4）计算图（Graph）：显示代码中定义的计算图，也可以显示包括每个节点的计算时间、内存使用等情况。

（5）数据分布（Distribution）：显示模型参数随迭代次数的变化情况。

（6）直方图（Histograms）：显示模型参数随迭代次数的变化情况。

（7）嵌入向量（Embeddings）：在 3D 或者 2D 图中展示高维数据。

（8）文本（Text）：显示保存的一小段文字。

7.5 本章习题

1. 选择题

（1）TensorBoard 是 Google 推出的（　　）。

A. 深度学习开发工具　　B. 深度学习编译平台

C. 深度学习可视化平台　　D. 深度学习 API

（2）以下（　　）属于标量（Scalar）数据。

A. 学习率　　B. 张量

C. 权重　　D. 偏置

（3）可视化权重的函数是（　　）。

A. tf.summary.scala()　　B. tf.summary. histogram()

C. tf.summary. image()　　D. tf.summary. text()

（4）可视化标量的数据函数是（　　）。

A. tf.summary.scala()　　B. tf.summary. histogram()

C. tf.summary. image()　　D. tf.summary. text()

（5）可视化图像数据的函数是（　　）。

A．tf.summary.scala()　　B．tf.summary. histogram()

C．tf.summary. image()　　D．tf.summary. text()

（6）可视化直方图数据的函数是（　　）。

A．tf.summary.scala()　　B．tf.summary. histogram()

C．tf.summary. image()　　D．tf.summary. text()

（7）下列（　　）函数可以将可视化数据写入本地文件中。

A．tf.summary.FileOuput()　　B．tf.summary.FileWriter()

C．tf.summary.Ouput()　　D．tf.summary.Writer()

2. 填空题

（1）Google 推出的可视化平台是________________。

（2）在 TensorBoard 中，将可视化文件写入文本文件，所使用的函数是________________________。

（3）将标签数据写入 TensorBoard 可视化文件中，所使用的函数是______________。

3. 判断题

（1）学习率变化的可视化，常用标量表示。（　　）

（2）TensorBoard 可视化通常可以通过 Web 页面展示。（　　）

（3）在 TensorBoard 中，可视化连接权重可以使用标量可视化。（　　）

（4）在 TensorBoard 中，所有可视化的元素被写入到日志文件。（　　）

（5）在 TensorBoard 中，图片的可视化主要是通过反卷积实现的。（　　）

4. 简答题

（1）简述可视化数据的步骤。

（2）简述分别写入可视化标量、图像以及分布图的函数形式。

（3）简述 TensorBoard 可视化的元素有哪些。

5. 编程题

编写一个线性拟合模型，可视化模型的训练过程。

任务 8 理解 tf.data 数据处理框架

本章内容

tf.data 是 TensorFlow 1.8 推出的数据处理框架，该框架采用管道方式处理数据，大大提高了数据处理的效率。本章将主要阐述 TensorFlow 数据处理框架的基本架构、数据集的创建、迭代和解析以及批处理等内容。

知识图谱

重点难点

重点： 理解数据集的创建、迭代以及批处理的概念。
难点： 掌握构建与解析数据集。

8.1 Dataset 的基本机制

8.1.1 Dataset 数据处理框架

TensorFlow 1.8 提供了 tf.data API 框架对数据进行高效的处理和访问，该框架含有大量数据处理的方法，且语法简洁易懂、处理高效。同时，tf.data 方法可与 eager Execution（允许用户在不建立图的情况下运行 TensorFlow 代码）及 tf.Keras 联合使用，可方便地进行模型建立及训练。

tf.data API 类结构如图 8-1 所示。tf.data.Dataset 采用管道机制进行数据读取，这是目前 TensorFlow 强烈推荐的方式，是一种非常高效的数据读取与存储方式。使用 tf.data.Dataset 模块的管道机制，可实现 CPU 多线程处理输入的数据，如读取图片和图片的一些预处理，这样 GPU 可以专注于训练过程，而 CPU 去读取数据、预处理数据、归一化数据等，从而提高整个模型的训练效率。

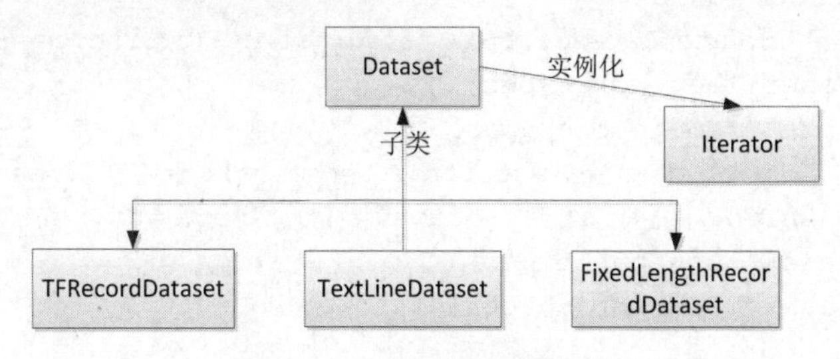

图 8-1　tf.data 数据处理框架

从图 8-1 可以看出，TextLineDataset（处理文本）、TFRecordDataset（处理存储于硬盘的大量数据，不适合进行内存读取）、FixedLengthRecordDataset（二进制数据的处理）都继承自 Dataset，这几个类的方法大体一致，主要包括数据读取、元素变换、过滤，数据集拼接、交叉等。Iterator 是 Dataset 中的迭代器，主要对数据进行访问，包括 4 种迭代方法：单次、可初始化、可重新初始化、可馈送等，可实现对数据集中元素快速迭代，供模型训练使用。

8.1.2　创建 Dataset

tf.data API 在 TensorFlow 中引入了两个新的抽象类，其基本功能和用法如表 8-1 所示。

表 8-1　tf.data 两个抽象类及作用

类	说　明
tf.data.Dataset	表示一系列的元素，其中每个元素包含一个或多个 Tensor 对象
tf.data.Iterator	提供了从数据集中提取元素的主要方法

一个数据集包含多个元素，每个元素的结构都相同，一个元素包含一个或多个张量对象，这些对象称为组件。每一个组件的结构如表 8-2 所示。

表 8-2　tf.data 张量结构

组件结构	结构意义
tf.TensorShape	张量的静态形状
tf.DType	张量的数据类型

程序中，可以通过 Dataset.output_types 和 Dataset.output_shapes 属性检查数据集元素各个组件的类型和形状，每个元素可以是单张量、张量元组或张量的嵌套元组。以下代码将创建一个 Dataset 数据集，并输出元素的类型和形状（代码位置：chapter08/create_ dataset.py）。

```
1  import tensorflow as tf
2  dataset_1 = tf.data.Dataset.from_tensor_slices(tf.random_uniform([3, 4]))
3  print(dataset_1.output_types)
4  print(dataset_1.output_shapes)
5  dataset_2  =  tf.data.Dataset.from_tensor_slices((tf.random_uniform([4]),
   tf.random_uniform([4, 100], maxval=100, dtype=tf.int32)))
6  print(dataset_1.output_types)
7  print(dataset_1.output_shapes)
```

第 1 行代码：导入 tensorflow 类库，并简写为 tf。

第 2 行代码：tf.random_uniform()产生符合随机分布的 3 行 4 列的矩阵；tf.data. Dataset. from_tensor_slices()将传入的矩阵切分第 1 个维度，最后生成的 Dataset 中含有 3 个元素，每个元素的形状是(4,)，即每个元素是矩阵的一行。

第 3～4 行代码：输出数据集的形状及类型。

第 5 行代码：创建张量组，第 1 个矩阵是 4 列的元素，第 2 个矩阵是 4 行 100 列的元素，生成的 Dataset 中含有 4 个元素，每个元素的形状是( )，第 2 个矩阵含有 4 个元素，每个元素的形状是(100,)。

第 6～7 行代码：输出第 2 个数据集的形状及类型。

运行程序，输出结果如下。

```
<dtype: 'float32'>
   (4,)
   (tf.float32, tf.int32)
   (TensorShape([]), TensorShape([Dimension(100)]))
```

8.2　Iterator 迭代数据集

创建完数据集之后，就可以通过构建 Iterator（迭代器） 来访问和遍历数据集中的每个元素了。tf.data API 目前支持单次迭代器、可初始化迭代器、可重新初始化迭代器以及可馈送迭代器。其复杂程度逐渐上升。

8.2.1　单次迭代器

单次迭代器是最简单的迭代器，使用单次迭代器对数据集中的元素进行访问之后，不可以再次进行访问。该迭代器不需要显式初始化，可以用来处理基于队列的输入管道，但不支持参数化。

以下代码演示了单次迭代器的使用方法（代码位置：chapter08/oneshot_iterator.py）。

```
1  import tensorflow as tf
2  dataset = tf.data.Dataset.range(10)
3  iterator = dataset.make_one_shot_iterator()
4  next_element = iterator.get_next()
5  with tf.Session() as sess:
6      for i in range(10):
7          value = sess.run(next_element)
8          print(value)
```

第 1 行代码：导入 tensorflow 类库，并简写为 tf。

第 2 行代码：tf.data.Dataset.range(10) 用于创建一个序列，序列中的元素范围是 0～9。

第 3 行代码：make_one_shot_iterator() 用于创建一个单次迭代器，对 Dataset 中的元素进行迭代。

第 4 行代码：通过 get_next() 取出迭代器中的下一行元素。

第 5 行代码：创建会话，使用上下文管理器管理会话。

第 6～8 行代码：创建循环，在循环过程中使用迭代器输出数据集的每一个元素。

运行程序，输出结果如下。

```
0   1   2   3   4   5   6   7   8   9
```

8.2.2　可初始化迭代器

可初始化迭代器可以对迭代器进行重新初始化，从而实现再次迭代。在使用可初始化迭代器之前，要显式 iterator.initializer 操作，然后才能使用可初始化迭代器。以下代码演示了可初始化迭代器的使用方法（代码位置：chapter08/resuse_iterator.py）。

```
1  import tensorflow as tf
2  max_value = tf.placeholder(tf.int64, shape=[])
3  dataset = tf.data.Dataset.range(max_value)
4  iterator = dataset.make_initializable_iterator()
5  next_element = iterator.get_next()
6  with tf.Session() as sess:
7      sess.run(iterator.initializer, feed_dict={max_value: 5})
8      for i in range(5):
9          value = sess.run(next_element)
10          print(value)
11      sess.run(iterator.initializer, feed_dict={max_value: 10})
```

```
12      for i in range(10):
13          value = sess.run(next_element)
14          print(value)
```

第1行代码：导入tensorflow类库，并简写为tf。

第2行代码：tf.placeholder是一个占位符，用来指定创建的Dataset的大小。

第3行代码：创建Dataset数据集，数据集中数据的个数为max_value。

第4行代码：make_initializable_iterator()用于创建一个可初始化迭代器。

第5行代码：get_next()用于取出迭代器的下一个元素。

第6～7行代码：创建会话，使用上下文管理器管理会话，在会话中调用初始化方法，并提供初始数据。

第8～10行代码：在循环中，使用可初始化迭代器输出每一个元素。

第11行代码：在会话中，再次调用迭代器初始化方法，数据集中数据的个数修改为10个。

第12～14行代码：在循环中，使用可初始化迭代器输出每一个元素。

运行程序，输出结果如下。

```
0 1 2 3 4
0 1 2 3 4  5 6 7 8 9
```

8.2.3 可重新初始化迭代器

可重新初始化迭代器可以通过多个不同的Dataset对象进行初始化。例如在模型训练和验证的过程中，有一个训练集数据输入管道，它对输入图片进行数据增强来改善泛化；还有一个验证集数据输入管道，它评估对未修改数据的预测。这些管道通常会使用不同的Dataset对象，这些对象具有相同的结构。以下程序演示了可重新初始化迭代器的使用方法（代码位置chapter08/ reinitializer_iterator.py）。

```
1  import tensorflow as tf
2  train_num = tf.placeholder(dtype=tf.int64)
3  validate_num = tf.placeholder(dtype=tf.int64)
4  train_dataset = tf.data.Dataset.range(train_num)
5  train_dataset = train_dataset.map(lambda x: x + 1).repeat(5).batch(8)
6  validate_dataset = tf.data.Dataset.range(validate_num)
7  validate_dataset = validate_dataset.map(lambda x: x + 2).
   repeat(2).batch(1)
8  iterator = tf.data.Iterator.from_structure(train_dataset.output_types,
   train_dataset.output_shapes)
```

```
9 train_op = iterator.make_initializer(train_dataset)
10 validate_op = iterator.make_initializer(validate_dataset)
11 elem = iterator.get_next()
12 with tf.Session() as sess:
13     sess.run(train_op, feed_dict={train_num: 10})
14     for in range(3):
15         print(sess.run(elem))
16     print('*********')
17     sess.run(validate_op, feed_dict={test_num: 5})
18     for in range(4):
19         print(sess.run(elem))
20     print('*********')
```

第 1 行代码：导入 tensorflow 类库，简写为 tf。

第 2～3 行代码：声明两个占位符，分别代表训练集合验证集中的数据量。

第 4～5 行代码：创建训练集，每次从训练集中取出 8 条数据。

第 6～7 行代码：创建验证集，每次从验证集中取出 1 条数据。

第 8 行代码：使用训练集的形状和类型创建迭代器的结构。

第 9～10 行代码：分别以验证集和训练集创建迭代器对象。

第 11 行代码：从迭代器中取出一条数据。

第 12 行代码：创建会话，使用上下文管理器管理会话。

第 13～19 行代码：分别向两个数据集喂入数据，使用迭代器输出数据集中的元素。

运行程序，运行效果如下。

```
[1 2 3 4 5 6 7 8]
[ 9 10  1  2  3  4  5  6]
[ 7  8  9 10  1  2  3  4]
*********
[2]
[3]
[4]
[5]
*********
```

8.2.4　可馈送迭代器

可馈送迭代器与 tf.placeholder 一起使用，通过 feed_dict 机制确定每次在会话中使用的 Iterator，在迭代器之间切换时不需要从数据集的开头初始化迭代器。以下面的同一训练和验证数据集为例，程序可以使用 tf.data.Iterator.from_string_handle()定义一个在两个数据集之间切换的可馈送迭代器（代码位置：chapter08/feeding_iterator.py）。

```
1  import tensorflow as tf
2  training_dataset = tf.data.Dataset.range(100).map(
   lambda x: x + tf.random_uniform([], -10, 10, tf.int64)).repeat()
3  validation_dataset = tf.data.Dataset.range(50)
4  handle = tf.placeholder(tf.string, shape=[])
5  iterator = tf.data.Iterator.from_string_handle(
   handle, training_dataset.output_types, training_dataset.output_shapes)
6  next_element = iterator.get_next()
7  training_iterator = training_dataset.make_one_shot_iterator()
8  validation_iterator = validation_dataset.make_initializable_iterator()
9  with tf.Session() as sess:
10     training_handle = sess.run(training_iterator.string_handle())
11     validation_handle = sess.run(validation_iterator.string_handle())
12     while True:
13         for _ in range(200):
14             sess.run(next_element, feed_dict={handle: training_handle})
15         sess.run(validation_iterator.initializer)
16         for _ in range(50):
               sess.run(next_element, feed_dict={handle: validation_handle})
```

第 1 行代码：导入 tensorflow 类库，并简写为 tf。

第 2 行代码：创建包含 100 个元素的训练集。

第 3 行代码：创建包含 50 个元素的验证集。

第 5 行代码：tf.data.Iterator.from_string_handle() 用于在两个数据集之间切换。

第 6 行代码：iterator.get_next() 用于取出迭代器中的下一行元素。

第 7 行代码：training_dataset.make_one_shot_iterator()创建单次迭代器。

第 8 行代码：validation_dataset.make_initializable_iterator()创建可初始化迭代器。

第 10～16 行代码：在会话中，取出迭代器中的各个元素。

8.3　Dataset 数据批处理

8.3.1　直接批处理

最简单的批处理的处理方法是将数据集中的 n 个连续元素堆叠为一个元素。Dataset.batch() 批处理正是使用了该机制，它与 tf.stack() 运算符具有相同的限制，即对于每个组件 i，所有元素的张量形状必须完全相同。以下代码演示了直接批处理方法的使用

（代码位置：chapter08/direct_batch.py）。

```
1  import tensorflow as tf
2  inc_dataset = tf.data.Dataset.range(100)
3  dec_dataset = tf.data.Dataset.range(0, -100, -1)
4  dataset = tf.data.Dataset.zip((inc_dataset, dec_dataset))
5  batched_dataset = dataset.batch(4)
6  iterator = batched_dataset.make_one_shot_iterator()
7  next_element = iterator.get_next()
8  with tf.Session() as sess:
9       print(sess.run(next_element))
10      print(sess.run(next_element))
11      print(sess.run(next_element))
```

第 1 行代码：导入 tensorflow 类库，简写为 tf。

第 2 行代码：创建一个包含 100 个元素的序列，范围是 [0,99]。

第 3 行代码：创建一个包含 100 个元素的序列，范围在[0,−99]。

第 4 行代码：tf.data.Dataset.zip() 用于将两个序列压缩在一起。

第 5 行代码：直接从数据集中取出 4 个元素。

第 6 行代码：创建一个单次迭代器。

第 7 行代码：从数据集中取出下一个元素。

第 9～12 行代码：分别从数据集中取出 3 个元素。

运行程序，输出结果如下。

```
(array([0, 1, 2, 3], dtype=int64), array([ 0, -1, -2, -3], dtype=int64))
(array([4, 5, 6, 7], dtype=int64), array([-4, -5, -6, -7], dtype=int64))
(array([  8,  9,  10,  11],  dtype=int64),  array([-8,  -9,  -10,  -11],
dtype=int64))
```

8.3.2　预处理后批处理

直接批处理适用于具有相同大小的张量，不过很多模型处理的输入数据可能具有不同的大小（例如序列的长度不同）。为了解决这种情况，可以通过 Dataset.padded_batch() 转换来指定一个或多个会被填充的维度，从而批处理不同形状的张量。以下代码演示了如何对张量进行预处理（代码位置：chapter08/padding_batch.py）。

```
1  import tensorflow as tf
2  dataset = tf.data.Dataset.range(100)
3  dataset = dataset.map(lambda x: tf.fill([tf.cast(x, tf.int32)], x))
4  dataset = dataset.padded_batch(4, padded_shapes=[None])
```

```
5 iterator = dataset.make_one_shot_iterator()
6 next_element = iterator.get_next()
7 with tf.Session() as sess:
8     print(sess.run(next_element))
9     print(sess.run(next_element))
```

第 1 行代码：导入 tensorflow 类库，简写为 tf。

第 2 行代码：创建一个包含 100 个元素的序列，范围是[0,99]。

第 4 行代码：dataset.padded_batch()通过填充后批处理。

第 5～6 行代码：创建单次迭代器，取出迭代器中的下一个元素。

第 7 行代码：创建会话，使用上下文管理器管理会话。

第 8～9 行代码：在会话中输出批处理。

运行程序，输出结果如下。

```
[[0 0 0]
[1 0 0]
[2 2 0]
[3 3 3]]
[[4 4 4 4 0 0 0]
[5 5 5 5 5 0 0]
[6 6 6 6 6 6 0]
[7 7 7 7 7 7 7]]
```

8.4 Dataset 数据集构建与解析

8.4.1 数据集预处理

在解析数据之前，常常需要进行数据预处理。预处理使用 Dataset.map(f) 转换函数，该函数通过将指定函数 f 应用于输入数据集的每个元素来生成新的数据集。函数 f 会接收表示输入中单个元素的 tf.Tensor 对象，并返回表示新数据集中单个元素的 tf.Tensor 对象。此函数的实现使用标准的 TensorFlow 指令将一个元素转换为另一个元素，该函数形式如表 8-3 所示。

表 8-3　map 函数

函　　数	说　　明

map(
  map_func,
  num_parallel_calls=None)
	将数据集中的元素转换为新的数据集。
	map() 的参数也是一个函数，该函数的参数是固定的，和 Dataset 的内容完全一致

以下代码演示了如何根据原有数据集来生成新的数据集。

```
import tensorflow as tf
def fun(x):
    return x + 1
ds = tf.data.Dataset.range(5)
ds = ds.map(fun)
```

8.4.2　构建 TFRecordDataset 数据集

TFRecord 文件格式是一种面向记录的简单二进制格式，很多 TensorFlow 应用都采用该格式来训练数据。通过 tf.data.TFRecordDataset 类，可以将一个或多个 TFRecord 文件的内容作为输入管道的一部分进行流式传输。

TFRecord 是 TensorFlow 中设计的一种内置文件格式，它是一种二进制文件，能够统一不同输入文件的框架，更好地利用内存，更方便地复制和移动，并且能将二进制数据和标签（训练的类别标签）数据存储在同一个文件中。TFRecord 文件中的数据都是通过 tf.train. Example Protocol Buffer 格式存储的，具体格式如下：

```
message Example{
    Features features = 1;
};
message Features{
    map<string,Feature> feature = 1;
};
message Feature{
    oneof kind{
        BytesList bytes_list = 1;
        FloatList float_list = 2;
        Int64List int64_list = 3;
    }
};
```

它实际上存储了一个从属性名到取值的字典。其中属性名为一个字符串，属性取值可以为字符串（ByteList）、实数列表（FloatList）和整数列表（Int64List）。例如对于一幅图像而言，可以将图像的像素信息保存成一个字符串，将图像对应的标签保存成整数列表。

在将其他数据存储为 TFRecord 文件的时候，需要经过以下 4 个步骤：

（1）建立 TFRecord 存储器，指明文件的存储路径；

（2）构造每个样本的Example模块；

（3）将每个Example写入TFRecord存储器；

（4）关闭TFRecord存储器。

如下代码展示了如何将图片数据和标签转换为TFRecord格式（代码位置：chapter08/create_tfrecord.py）。

```
1  import tensorflow as tf
2  import numpy as np
3  tf_filename= "test.tfrecords"
4  writer = tf.python_io.TFRecordWriter(tf_filename)
5  for i in range(100):
6      img_raw = np.random.random_integers(0,255,size=(5,30))
7      img_raw = img_raw.tostring()
8      example = tf.train.Example(features = tf.train.Features(
   feature ={
   'label':tf.train.Feature(int64_list = tf.train.Int64List
   (value=[i])),
   'img_raw':tf.train.Feature(bytes_list=tf.train.BytesList
   (value=[img_raw]))}))
9      writer.write(example.SerializeToString())
10 writer.close()
```

第1～2行代码：导入tensorflow类库和numpy类库。

第3行代码：声明存储的文件名称。

第4行代码：建立一个TFRecordWriter()，指明文件写入的路径。

第6～7行代码：随机产生100张图片，每张图片的大小为5行30列，并将图像转化为字符串。

第8行代码：构建Example模块，分别指定键值对。

第9行代码：将Example模块逐个写入文件中。

第10行代码：关闭文件输出流。

8.4.3 从tf.train.Example中解析数据

很多输入管道都从TFRecord格式的文件（使用tf.python_io.TFRecordWriter编写）中提取tf.train.Example协议缓冲区消息。每个tf.train.Example记录都包含一个或多个特征，输入管道通常会将这些特征转换为张量。

以下代码演示了如何使用TFRecordDataset从TFRecord格式的二进制文件中读取信息（代码位置：chapter08/parse_example.py）。

```
1  import tensorflow as tf
2  def _parse_function(example_proto):
3       features = {"img_raw": tf.FixedLenFeature((), tf.string, default_
   value=""),"label": tf.FixedLenFeature((), tf.int64, default_value=0)}
4      parsed_features = tf.parse_single_example(example_proto, features)
5      return parsed_features["img_raw"], parsed_features["label"]
6  filenames ="data/test.tfrecords"
7  dataset = tf.data.TFRecordDataset(filenames)
8  dataset = dataset.map(_parse_function)
9  iterator = dataset.make_one_shot_iterator()
10 next_element = iterator.get_next()
11 init_op =tf.global_variables_initializer()
12 with tf.Session() as sess:
13     sess.run(init_op)
14     for i in range(10):
15            print(sess.run(next_element))
```

第 1 行代码：导入 tensorflow 类库，并简写为 tf。

第 2～5 行代码：parse_function()定义了一个函数，对数据集中的数据进行解析。

第 6～7 行代码：加载指定目录下的 TFRecordDataset 数据集。

第 8 行代码：dataset.map()对数据集中的数据进行预处理。

第 9 行代码：建立一个单次迭代器。

第 10 行代码：对数据集中的数据进行迭代。

8.5　本章小结

Tensorflow 1.8 提供了 tf.data API 对数据进行处理和访问，tf.data.Dataset 采用管道机制读取数据，这是一种非常高效的读取方式，也是 TensorFlow 强烈推荐的方式。通过管道机制，CPU 可多线程处理输入的数据，如读取图片和图片的一些预处理，这样 GPU 可以专注于训练过程，而 CPU 去准备数据，从而提高整个模型的训练效率。

该框架提供了迭代数据的不同方法，主要有单次迭代器，支持从头到尾迭代数据集中的数据；可初始化迭代器，支持多次迭代同一个数据集；可馈送迭代器，提供了与 tf.placeholder 一起向模型中喂入数据的方式。

8.6　本章习题

1. 选择题

（1）tf.data 框架采取（　　）机制读取数据集中的数据。

A．队列　　B．栈　　C．图　　D．管道

（2）解析 Dataset 中的数据集之前，需要对数据集中的数据进行预处理，所使用的函数是（　　）。

A．map　　B．Preload　　C．feed_dict　　D．不需要处理

（3）一般来讲，文本数据集用（　　）类进行构建。

A．TFRecordDataset　　B．TextLineDataset

C．FixedLengthRecordSet　　D．CsvDataset

（4）Dataset.batch(5) 操作的原理是（　　）

A．每次从数据集中顺序取出 5 个元素

B．每次从数据集中随机取出 5 个元素

C．每次从数据集中取出 5 个批处理

D．以上都不是

（5）以下迭代器中，支持对不同的数据集进行多次迭代的是（　　）。

A．单次迭代器　　B．可初始化迭代器

C．可重新初始化迭代器　　D．以上都不是

（6）以下迭代器中，不需要初始化的迭代器是（　　）。

A．单次迭代器　　B．可初始化迭代器

C．可重新初始化迭代器　　D．以上都不是

2. 填空题

（1）运行以下代码，输出的结果是____________。

```
dataset_1 = tf.data.Dataset.from_tensor_slices(tf.random_uniform([3, 4]))
print(dataset_1.output_types)
print(dataset_1.output_shapes)
```

（2）建立单次迭代器的函数是____________。

（3）建立可馈送迭代器的函数是____________。

3. 判断题

（1）tf.data 数据处理框架迭代器提供了遍历数据集元素的方法。（　）

（2）单次迭代器是最简单的迭代器形式，仅支持对数据集进行一次迭代。（　）

（3）可初始化迭代器可以对迭代器进行重新初始化，从而可以再次迭代。（　）

（4）可重新初始化迭代器可以通过多个不同的 Dataset 对象进行初始化。（　）

（5）最简单的数据批处理的处理方法是将数据集中的 *n* 个连续元素堆叠为一个元素。（　）

4. 简答题

（1）简述使用 tf.data 框架读取数据的优点。

（2）简述单次迭代器、可初始化迭代器以及预处理迭代器的异同点。

（3）构建 TFRecord 数据格式，并使用 TFRecordDataset 进行解析。

附录　人工智能数学基础

1.　矩阵及运算

1.1　矩阵的概念

由 $m \times n$ 个数 $a_{ij}(i=1,2,\cdots,m; j=1,2,\cdots,n)$ 排列成的一个 m 行 n 列的数据表格：

$$\begin{matrix} a_{11} & a_{12} & \ldots & a_{1n} \\ a_{21} & a_{22} & \ldots & a_{2n} \\ \ldots & \ldots & \ldots & \ldots \\ a_{m1} & a_{m2} & \ldots & a_{mn} \end{matrix}$$

称为 m 行 n 列的矩阵，简称 $m \times n$ 的矩阵，为表示它是一个整体，通常在外面加上一个括号，并用大写的字母 $\boldsymbol{A}$ 表示，记为：

$$\boldsymbol{A}=\begin{pmatrix} a_{11} & a_{12} & \ldots & a_{1n} \\ a_{21} & a_{22} & \ldots & a_{2n} \\ \ldots & \ldots & \ldots & \ldots \\ a_{m1} & a_{m2} & \ldots & a_{mn} \end{pmatrix}$$

这个 $m \times n$ 个数称为矩阵 $\boldsymbol{A}$ 的元素，简称为元；数 a_{ij} 表示位于矩阵 $\boldsymbol{A}$ 的第 i 行第 j 列的元素。以数 a_{ij} 为元的矩阵可以简记为 $(a_{ij})_{m \times n}$，$m \times n$ 矩阵 $\boldsymbol{A}$ 也记为 $\boldsymbol{A}_{m \times n}$。

行数与列数都等于 n 的矩阵称为 n 阶方阵，记作 $\boldsymbol{A}_n$,只有一行的矩阵称为行矩阵，又称为行向量，行矩阵可以记作：

$$\boldsymbol{A}=\begin{pmatrix} a_1 & a_2 & \ldots & a_n \end{pmatrix}$$

只有一列的矩阵，称为列矩阵，又称为列向量，可以记作：

$$\boldsymbol{B}=\begin{pmatrix} b_1 \\ b_2 \\ \vdots \\ b_n \end{pmatrix}$$

两个矩阵的行数相等、列数也相等时，就称它们是同型矩阵。如果 $\boldsymbol{A}=\left(a_{ij}\right)$ 与 $\boldsymbol{B}=\left(b_{ij}\right)$ 是同型矩阵，并且它们的对应元素相等，即：

$$a_{ij}=b_{ij}(i=1,2,\cdots,m;j=1,2,\cdots,n)$$

那么就称矩阵 $\boldsymbol{A}$ 与矩阵 $\boldsymbol{B}$ 相等，记作：

$$\boldsymbol{A}=\boldsymbol{B}$$

元素都是 0 的矩阵称为零矩阵，记作 $\boldsymbol{O}$，需要注意的是不同型的零矩阵是不同的。

矩阵的应用非常广泛，如图 1 表示 4 个城市之间的航线：

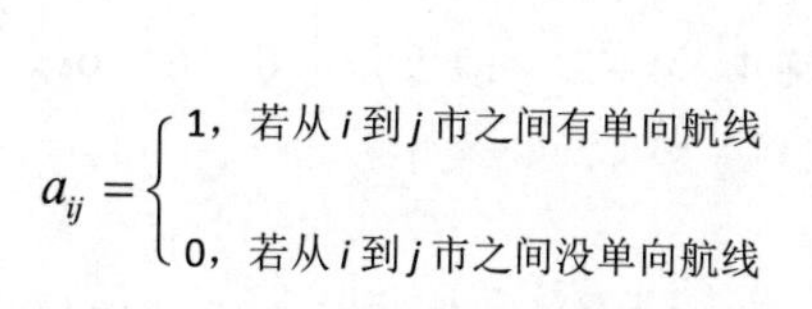

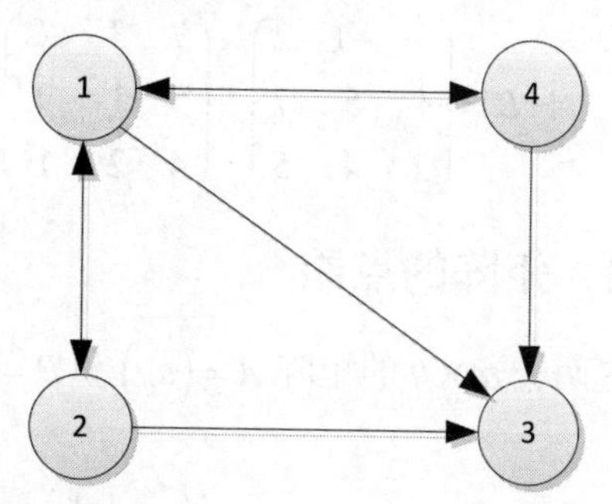

图 1　4 个城市之间的航线

则图 1 可以用矩阵表示为：

$$\boldsymbol{A}=a_{ij}=\begin{pmatrix}0&1&1&1\\1&0&1&0\\0&0&0&0\\1&0&1&0\end{pmatrix}$$

1.2　矩阵的加减法

设有两个 $m\times n$ 的矩阵 $A=\left(a_{ij}\right)$ 和 $B=\left(b_{ij}\right)$，那么矩阵 $\boldsymbol{A}$ 和 $\boldsymbol{B}$ 的加减法记作为 $\boldsymbol{A}\pm\boldsymbol{B}$，规定为：

$$\boldsymbol{A}\pm\boldsymbol{B}=\begin{pmatrix}a_{11}\pm b_{11}&a_{12}\pm b_{12}&\ldots&a_{1n}\pm b_{1n}\\ \mathrm{a}_{21}\pm\mathrm{b}_{21}&a_{22}\pm b_{22}&\ldots&a_{2n}\pm b_{2n}\\ \ldots&\ldots&\ldots&\ldots\\ a_{m1}\pm b_{m1}&a_{m2}\pm b_{m2}&\ldots&a_{mn}\pm b_{mn}\end{pmatrix}$$

需要注意的是，只有两个矩阵是同型矩阵时，这两个矩阵才能够进行加减法运算。加减法运算满足下列运算规律（设 $\boldsymbol{A}$，$\boldsymbol{B}$，$\boldsymbol{C}$ 都是 $m\times n$ 矩阵）。

（1）交换律：$\boldsymbol{A}\pm\boldsymbol{B}=\boldsymbol{B}\pm\boldsymbol{A}$

（2）结合律：$(\boldsymbol{A}\pm\boldsymbol{B})\pm\boldsymbol{C}=\boldsymbol{A}\pm(\boldsymbol{B}\pm\boldsymbol{C})$

【例】已知两个矩阵 $A=\begin{pmatrix}3 & -1 & 2\\ 1 & 5 & 7\\ 2 & 4 & 5\end{pmatrix}$ 和 $B=\begin{pmatrix}7 & 3 & -2\\ 5 & 1 & 9\\ 4 & 2 & 1\end{pmatrix}$，求 $A+B$。

解析：因为 A 是3×3的矩阵，B 是3×3的矩阵，矩阵 A 与矩阵 B 同型，所以矩阵 A 与 B 可以加法运算，其运算结果 $C=A+B$ 是一个3×3的矩阵，其计算过程为：

$$A+B=\begin{pmatrix}3 & -1 & 2\\ 1 & 5 & 7\\ 2 & 4 & 5\end{pmatrix}+\begin{pmatrix}7 & 3 & -2\\ 5 & 1 & 9\\ 4 & 2 & 1\end{pmatrix}=\begin{pmatrix}3+7 & -1+3 & 2-2\\ 1+5 & 5+1 & 7+9\\ 2+4 & 4+2 & 1+5\end{pmatrix}=\begin{pmatrix}10 & 2 & 0\\ 6 & 6 & 16\\ 6 & 6 & 6\end{pmatrix}$$

1.3　矩阵的点乘

设有两个 $m\times n$ 的矩阵 $A=\left(a_{ij}\right)$ 和 $B=\left(b_{ij}\right)$，那么矩阵 A 和 B 的点乘记作为 $A\cdot B$，规定为：

$$A\cdot B=\begin{pmatrix}a_{11}\times b_{11} & a_{12}\times b_{12} & \dots & a_{1n}\times b_{1n}\\ a_{21}\times b_{21} & a_{22}\times b_{22} & \dots & a_{2n}\times b_{2n}\\ \dots & \dots & \dots & \dots\\ a_{m1}\times b_{m1} & a_{m2}\times b_{m2} & \dots & a_{mn}\times b_{mn}\end{pmatrix}$$

需要注意的是，只有两个矩阵是同型矩阵时，这两个矩阵才能够进行点乘运算，点乘运算的实质是对应位置的元素的乘法运算。点乘运算满足下列运算规律（设 A,B,C 都是 $m\times n$ 矩阵）。

（1）交换律：$A\cdot B=B\cdot A$

（2）结合律：$(A\cdot B)\cdot C=A\cdot(B\cdot C)$

【例】已知两个矩阵 $A=\begin{pmatrix}2 & 3 & 5\\ 3 & 6 & 8\\ 2 & 3 & 1\end{pmatrix}$ 和 $B=\begin{pmatrix}2 & 1 & -2\\ 2 & -1 & 3\\ 2 & 1 & 1\end{pmatrix}$，求 $A\cdot B$。

解析：因为 A 是3×3的矩阵，B 是3×3的矩阵，矩阵 A 与矩阵 B 的同型，所以矩阵 A 与 B 可以点乘，其运算结果 $C=A\cdot B$ 是一个3×3的矩阵，其计算过程为：

$$A\cdot B=\begin{pmatrix}2 & 3 & 5\\ 3 & 6 & 8\\ 2 & 3 & 1\end{pmatrix}\cdot\begin{pmatrix}2 & 1 & -2\\ 2 & -1 & 3\\ 2 & 1 & 1\end{pmatrix}=\begin{pmatrix}2\times 2 & 3\times 1 & 5\times(-2)\\ 3\times 2 & 6\times(-1) & 8\times 3\\ 2\times 2 & 3\times 1 & 1\times 1\end{pmatrix}=\begin{pmatrix}4 & 3 & -10\\ 6 & -6 & 24\\ 4 & 3 & 1\end{pmatrix}$$

1.4　矩阵的乘法

设矩阵 $A=\left(a_{ij}\right)_{m\times s},B=\left(b_{ij}\right)_{s\times n}$，则 A 和 B 的乘积 $C=AB$ 是一个 $m\times n$ 的矩阵，每一

个元素可以表示为：

$$c_{ij}=a_{i1}\times \mathrm{b}_{1j}+a_{i2}+b_{2j}+\cdots+b_{is}\times b_{sj}=\sum_{k=1}^{s}a_{ik}b_{kj}\left(i=1,2,\cdots,m;j=1,2,\cdots,n\right)$$

$\boldsymbol{C}$ 的第 i 行第 j 列的元素 c_{ij} 是由矩阵 $\boldsymbol{A}$ 的第 i 行元素与 $\boldsymbol{B}$ 的第 j 列元素对应位置相乘，然后再取和。按照此定义，一个 $1\times s$ 的矩阵与 $s\times 1$ 的矩阵乘积的结果是一个数，可以表示为：

$$\begin{pmatrix} a_{11} & a_{12} & \dots & a_{1s} \end{pmatrix}\begin{pmatrix} b_{11} \\ b_{21} \\ \vdots \\ b_{s1} \end{pmatrix}=a_{11}\times b_{11}+a_{12}\times b_{21}+\cdots+a_{1s}\times b_{s1}$$

需要注意的是：只有当第一个矩阵（左矩阵）的列等于第二个矩阵（右矩阵）的行时，两个矩阵才能够进行相乘。矩阵的乘法运算可满足下列运算规律。

（1）结合律：$\boldsymbol{ABC}=\boldsymbol{A}(\boldsymbol{BC})$

（2）交换律：$\boldsymbol{A}(\boldsymbol{B}+\boldsymbol{C})=\boldsymbol{AB}+\boldsymbol{AC}$

$$C=\boldsymbol{AB}$$

【例】 已知矩阵 $\boldsymbol{A}=\begin{pmatrix} 1 & 0 & 3 & -1 \\ 2 & 1 & 0 & 2 \end{pmatrix}$ 与 $\boldsymbol{B}=\begin{pmatrix} 4 & 1 & 0 \\ -1 & 1 & 3 \\ 2 & 0 & 1 \\ 1 & 3 & 4 \end{pmatrix}$，求 $\boldsymbol{AB}$。

解析：因为 $\boldsymbol{A}$ 是 2×4 的矩阵，$\boldsymbol{B}$ 是 4×3 的矩阵，$\boldsymbol{A}$ 的列数等于 $\boldsymbol{B}$ 的行数，所以矩阵 $\boldsymbol{A}$ 与 $\boldsymbol{B}$ 可以相乘，其乘积 $\boldsymbol{C}=\boldsymbol{AB}$ 是一个 2×3 的矩阵，其计算过程为：

$$\boldsymbol{AB}=\begin{pmatrix} 1 & 0 & 3 & -1 \\ 2 & 1 & 0 & 2 \end{pmatrix}\begin{pmatrix} 4 & 1 & 0 \\ -1 & 1 & 3 \\ 2 & 0 & 1 \\ 1 & 3 & 4 \end{pmatrix}$$

$$=\begin{pmatrix} 1\times 4+0\times(-1)+3\times 2+(-1)\times 1 & 1\times 1+0\times 1+3\times 0+(-1)\times 3 & 1\times 0+0\times 3+3\times 1+(-1)\times 4 \\ 2\times 4+1\times(-1)+0\times 2+2\times 1 & 2\times 1+1\times 1+0\times 0+2\times 3 & 2\times 0+1\times 3+0\times 1+2\times 4 \end{pmatrix}$$

$$=\begin{pmatrix} 9 & -2 & -1 \\ 9 & 9 & 11 \end{pmatrix}$$

1.5　矩阵的转置

把矩阵 $\boldsymbol{A}$ 的行换成同序数的列得到一个新矩阵，叫作 $\boldsymbol{A}$ 的转置矩阵，记作 $\boldsymbol{A}^{\mathrm{T}}$。例如

矩阵：

$$A=\begin{pmatrix}1 & 2 & 0\\3 & -1 & 1\end{pmatrix}$$

的转置矩阵为：

$$A^{T}=\begin{pmatrix}1 & 3\\2 & -1\\0 & 1\end{pmatrix}$$

矩阵的转置也是一种运算，满足下列运算规律。

（1）$\left(A^{T}\right)^{T}=A$

（2）$(A+B)^{T}=A^{T}+B^{T}$

（3）$(AB)^{T}=B^{T}A^{T}$

【例】 已知矩阵 $A=\begin{pmatrix}2 & 0 & -1\\1 & 3 & 2\end{pmatrix}$，$B=\begin{pmatrix}1 & 7 & -1\\4 & 2 & 3\\2 & 0 & 1\end{pmatrix}$，求$(AB)^{T}$。

解析：因为 A 是2×3的矩阵，B 是3×3的矩阵，A 的列数等于 B 的行数，所以矩阵 A 与 B 可以相乘，其乘积$C=AB$是一个2×3的矩阵，将C再进行转置，便可以得到计算结果。其计算过程为：

因为

$$\begin{aligned}AB&=\begin{pmatrix}2 & 0 & -1\\1 & 3 & 2\end{pmatrix}\begin{pmatrix}1 & 7 & -1\\4 & 2 & 3\\2 & 0 & 1\end{pmatrix}\\&=\begin{pmatrix}2\times1+0\times4+(-1)\times2 & 2\times7+0\times2+(-1)\times0 & 2\times(-1)+0\times3+(-1)\times1\\1\times1+3\times4+2\times2 & 1\times7+3\times2+2\times0 & 1\times(-1)+3\times3+2\times1\end{pmatrix}\\&=\begin{pmatrix}0 & 14 & -3\\17 & 13 & 10\end{pmatrix}\end{aligned}$$

故

$$(AB)^{T}=\begin{pmatrix}0 & 17\\14 & 13\\-3 & 10\end{pmatrix}$$

2. 概 率 基 础

2.1　随机事件及古典概率

在随机现象的研究中，我们需要做大量的观测或试验，如果一个试验同时满足下列条件：

（1）试验可以在相同的条件下重复进行；

（2）试验的结果不止一个，且可能的结果是能预先知道的；

（3）每次试验总是恰好出现这些可能结果中的一个，但试验前不能确定出现哪一个结果。

我们称这样的试验是一个随机试验，常用E表示。随机试验的每个直接结果称为一个样本点，常用ω表示；E的全体样本点构成的集合称为样本空间，常用字母Ω表示。

【例】在掷硬币试验中，令ω_1= “正面向上”，ω_2 = “反面向上”，则样本空间为$\Omega=\{\omega_1, \omega_2\}$。

【例】一个盒子中有 10 个完全相同的球，分别标以号码 1，2，…，10，从中任取一个球，令i= “取得球的标号为i”（$i=1$，2，…，10），则样本空间为$i=\{1，2，…，10\}$。

从以上两个例子可以看出，随机试验E有两个特征：

（1）试验的基本事件只有有限个（即样本空间只有有限个样本点）。设样本点有N个，可以记作$\omega_1,\omega_2,\cdots,\omega_n$；

（2）各个事件发生的可能性相同。设事件发生的可能性表示为$P(\omega)$,则每个事件发生的可能性$P(\omega_1)=P(\omega_2)=\cdots=P(\omega_n)$。

则称满足以上两个条件的概率模型为古典概率模型。在古典概率中，试验的基本事件的总数为N，随机事件A包含其中的M个基本事件，则随机事件A的概率为：

$$P(A)=\frac{M}{N}$$

【例】某单位共有 4 个科室，第一科室 20 人，第二科室 21 人，第三科室 25 人，第四科室 34 人，随机抽取一人到外地考察学习，抽到第一科室的概率是多少?

解析：$P(A)=\dfrac{M}{N}$，M为抽到第一科室，即从第一科室 20 人中随机抽一个人考察学习，N为从 4 个科室中随机抽一个人考察学习，4 个科室共 20+21+25+34=100 人，因此抽到第一科室的概率为：

$$P(A)=\frac{M}{N}=\frac{20}{100}=0.2$$

2.2 条件概率

有些时候，一个事件发生的概率，不仅仅依赖于该事件的所有信息，而且另一个事件的发生也可能影响该事件的概率。所谓条件概率，是指在某事件 A 发生的条件下，另一事件 B 发生的概率，记作：

$$P(B|A)=\frac{P(AB)}{P(A)}$$

上述公式可以理解为，在事件 $\boldsymbol{A}$ 发生的条件下，事件 $\boldsymbol{B}$ 发生的概率等于 $\boldsymbol{AB}$ 事件同时发生的概率，除以事件 $\boldsymbol{A}$ 发生的概率。

【例】 一个家庭有两个小孩，分别考察其性别情况，则样本空间 $\Omega=\{bb,bg,gb,gg\}$,其中 b 代表男孩，g 代表女孩，已知家庭中至少有一个女孩，求家庭中至少也有一个男孩的概率。

解析：设事件 A 为“家庭中至少有一个女孩”，事件 B 为“家庭中至少有一个男孩”，则 $A=\{bb,bg,gb\}$，$B=\{bg,gb,gg\}$，从而得到：

$$P(A)=\frac{3}{4}，P(B)=\frac{3}{4}，P(AB)=\frac{1}{2}$$

因此，已知一个女孩，求至少有一个男孩的概率为 $P(B|A)=\frac{P(AB)}{P(A)}=\frac{1}{2}/\frac{3}{4}=\frac{2}{3}$。

【例】 某种动物从出生算起活到 20 岁以后的概率为 0.8，活到 25 岁以后的概率为 0.4，如果现在有一只 20 岁的该种动物，问它能活到 25 岁的概率是多少？

解析：设 $\boldsymbol{A}$ 表示“能活 20 岁以上”的事件，$\boldsymbol{B}$ 表示“能活 25 岁以上”的事件，则：

$$P(A)=0.8，P(A)=0.4，P(AB)=0.4$$

则有一只 20 岁的该种动物，它能活到 25 岁的概率是 $P(B|A)=\frac{P(AB)}{P(A)}=\frac{0.4}{0.8}=0.5$。

2.3 概率的乘法公式

由条件概率的公式 $P(B|A)=\frac{P(AB)}{P(A)}$，我们可以得到以下定理：

设 $\boldsymbol{A}$、$\boldsymbol{B}$ 为两个随机事件，若 $P(A)>0$，则 $\boldsymbol{AB}$ 同时发生的概率为：

$$P(AB)=P(A)P(B|A)$$

或者，如$P(B)>0$，则AB同时发生的概率为：

$$P(AB)=P(B)P(A|B)$$

以上两个公式都称为概率的乘法公式，概率的乘法公式还可以推广到更多的事件的情形：设A_1，$A_2,\cdots$，A_n为n个随机事件，且$P(A_1A_2,\cdots,A_n)>0$，则有：

$$P(A_1A_2,\cdots,A_n)=P(A_1)P(A_2|A_1)P(A_3|A_1A_2)\cdots P(A_n|A_1A_2,\cdots,A_{n-1})$$

【例】设甲、乙、丙 3 人依次通过抽签参加某考试，已知在所抽的 10 道考题中有 3 道题目难答，求下列事件的概率：

（1）甲抽到难答题的概率；

（2）甲未抽到难答题而乙抽到难答题的概率；

（3）甲乙丙均抽到难答题的概率。

解析：记事件A为“甲抽到难答题”，事件B为“乙抽到难答题”，事件C为“丙抽到难答题”。

（1）因甲是第一个抽签的，所以甲抽到难答题的概率为：

$$P(A)=\frac{3}{10}$$

（2）事件“甲未抽到难答题而乙抽到难答题的概率”是$\overline{A}B$,根据概率的乘法公式：

$$P(\overline{A}B)=P(\overline{A})P(B|\overline{A})=\frac{3}{10}\times\frac{3}{9}=\frac{7}{30}$$

（3）事件“甲乙丙均抽到难答题的概率”是ABC,根据概率的乘法公式：

$$P(ABC)=P(A)P(B|A)P(C|AB)=\frac{7}{10}\times\frac{2}{9}\times\frac{1}{8}=\frac{1}{120}$$

2.4　全概率公式

设样本空间为Ω，$B_1,B_2,\cdots,B_n$是n个互不相容的事件，且满足：

$$\sum_{i=1}^{n}B_i=\Omega,P(B_i)>0(i=1,2,3,\cdots,n)$$

那么对于任意的一个事件A，有：

$$P(A)=\sum_{i=1}^{n}P(B_i)P(A|B_i)$$

上述概率公式称为全概率公式。

【例】设有分别来自 3 个地区的 10 名、15 名、25 名考生的报名表，其中女生的报名表分别为 3 份、7 份和 5 份，随机地抽取一个地区的报名表，求抽出的是女生表的概率。

解析：设事件A为“抽到的报名表是女生的”,$B_i(i=1,2,3)$为“报名表是第i区考生

的”，因此B_1,B_2,B_3构成一个完备事件组，且

$$P(B_1)=\frac{1}{3}，\ P(B_2)=\frac{1}{3}，\ P(B_3)=\frac{1}{3}$$

由条件概率可知：

$$P(A|B_1)=\frac{3}{10}，\ P(A|B_2)=\frac{7}{15}，\ P(A|B_3)=\frac{1}{5}$$

由全概率公式可得，随机抽取一份是女生的概率为：

$$P(A)=\sum_{i=1}^{3}P(B_i)P(A|B_i)=P(B_1)P(A|B_1)+P(B_2)P(A|B_2)+P(B_3)P(A|B_3)$$
$$=\frac{1}{3}\times\frac{3}{10}+\frac{1}{3}\times\frac{7}{15}+\frac{1}{3}\times\frac{1}{5}=\frac{29}{90}$$

【例】某电子设备制造厂所用的晶体管是由 3 家元件制造厂提供的，根据以往的销售记录有以下数据：

元件制造厂	次　品　率	市 场 份 额
1	0.02	0.15
2	0.01	0.80
3	0.03	0.05

设这 3 家工厂的产品在仓库中是均匀混合的，且无明显的区别标志，在仓库中随机取一只晶体管，求它是次品的概率。

解析：设事件A为“取到的产品是次品”，$B_i(i=1,2,3)$为“取到的产品是第i家工厂提供的”，因此B_1,B_2,B_3构成一个完备事件组，且

$$P(B_1)=0.15，\ P(B_2)=0.80，\ P(B_3)=0.05$$

由题意可得：

$$P(A|B_1)=0.02，\ P(A|B_2)=0.01，\ P(A|B_3)=0.03$$

随机取一只晶体管，它是次品的概率根据全概率公式可得：

$$P(A)=\sum_{i=1}^{3}P(B_i)P(A|B_i)=P(B_1)P(A|B_1)+P(B_2)P(A|B_2)+P(B_3)P(A|B_3)$$
$$=0.02\times0.15+0.01\times0.80+0.03\times0.05=0.0125$$

2.5　贝叶斯定理

设随机试验的样本空间是Ω，$B_1,B_2,\cdots,B_n$是互不相容的完备事件组，且$P(B_i)>0(i=1,2,\cdots,n)$，对于任意事件A，则有：

$$P(B_i\mid A)=\frac{P(B_i)P(A\mid B_i)}{\sum_{j=1}^{n}P(B_j)P(A\mid B_j)}$$

该公式称为贝叶斯定理。

【例】 某一地区患癌症的概率为 0.005,患者对一种试验反应是阳性的概率为 0.95,正常人对试验反应是阳性的概率为 0.04，现抽查一个人，试验结果为阳性，问此人是癌症患者的概率是多少？

解析：设事件 A 为“试验结果是阳性”，B_1 为“抽查的人患有癌症”，B_2 为“抽查的人没患有癌症”，因此 B_1,B_2 构成一个完备事件组，且

$$P(B_1)=0.005\text{，}\ P(B_2)=0.995$$

由题意可得：

$$P(A|B_1)=0.95\text{，}\ P(A\mid B_2)=0.04$$

根据贝叶斯定理，抽查一个人，患癌症的概率为：

$$\begin{aligned}P(B_1\mid A)&=\frac{P(B_1)P(A\mid B_1)}{P(B_1)P(A\mid B_1)+P(B_2)P(A\mid B_2)}\\&=\frac{0.005\times0.95}{0.005\times0.95+0.995\times0.04}\approx0.1066\end{aligned}$$

【例】 玻璃杯整箱出售，每箱 12 个，假设各箱中有 0,1,2 个残次品的概率分别为 0.85,0.10,0.05，顾客购买一箱玻璃杯时，售货员任意取一箱，而顾客随机查看 4 个，若未发现残次品，则买下该箱玻璃杯；否则不购买，求：

（1）顾客买下玻璃杯的概率；

（2）在顾客买下的一箱玻璃杯中确实没有残次品的概率。

解析：设事件 A 表示“顾客买下该箱玻璃杯”，事件 B_i 表示“顾客查看的该箱玻璃杯中有 $i(i=0,1,2)$ 个残次品”。

（1）由题意可知：

$$P(B_0)=0.85\text{，}\ P(B_1)=0.10\text{，}\ P(B_2)=0.05$$

分别计算有 0 个残次品、1 个残次品、2 个残次品，顾客买下的概率为:

$$P(A\mid B_0)=1\text{，}\ P(A|B_1)=\frac{C_{11}{}^{4}C_1{}^{0}}{C_{12}{}^{4}}=\frac{2}{3}\text{，}\ P(A|B_2)=\frac{C_{10}{}^{4}C_2{}^{0}}{C_{12}{}^{4}}=\frac{14}{33}$$

按全概率公式计算随机取一箱用户买下的概率：

$$P(A)=\sum_{i=0}^{2}P(B_i)P(A|B_i)=P(B_0)P(A|B_0)+P(B_1)P(A|B_1)+P(B_2)P(A|B_2)$$
$$=0.85\times1+0.10\times\frac{2}{3}+0.05\times\frac{14}{33}\approx0.938$$

（2）顾客随机买下一箱没有次品的概率符合贝叶斯定理：

$$P(B_0|A)=\frac{P(B_0)P(A|B_0)}{\sum_{i=0}^{2}P(B_i)P(A|B_i)}=\frac{P(B_0)P(A|B_0)}{P(B_0)P(A|B_0)+P(B_1)P(A|B_1)P(B_2)P(A|B_2)}$$
$$=\frac{0.85\times1}{0.938}\approx0.906$$